雷公山自然教育丛书

神秘的雷公山

杨少辉　主　编

唐秀俊　王雄伟　谢镇国　副主编

中国林业出版社
China Forestry Publishing House

图书在版编目（CIP）数据

神秘的雷公山 / 杨少辉主编；唐秀俊, 王雄伟, 谢

镇国副主编. —— 北京：中国林业出版社, 2023.12

（雷公山自然教育丛书）

ISBN 978-7-5219-2452-7

Ⅰ.①神… Ⅱ.①杨… ②唐… ③王… ④谢… Ⅲ.

①自然保护区 – 介绍 – 黔东南苗族侗族自治州 Ⅳ.

①S759.992.732

中国国家版本馆CIP数据核字(2023)第228047号

策划编辑：葛宝庆
责任编辑：葛宝庆
装帧设计：刘临川　张丽

出版发行　中国林业出版社
　　　　　（100009，北京市西城区刘海胡同7号，电话83143612）
电子邮箱：cfphzbs@163.com
网址：www.forestry.gov.cn/lycb.html
印刷：河北京平诚乾印刷有限公司
版次：2023年12月第1版
印次：2023年12月第1次
开本：880mm×1230mm　1/32
印张：6
字数：120千字
定价：58.00元

《神秘的雷公山》
编委会

灰脸鵟鹰

序

习近平总书记在党的二十大报告中指出，"全面建成社会主义现代化强国，总的战略安排是分两步走：从二〇二〇年到二〇三五年基本实现社会主义现代化；从二〇三五年到本世纪中叶把我国建成富强民主文明和谐美丽的社会主义现代化强国。"在全面建设现代化强国的伟人征程上，其显著特征之一是建成人与自然和谐共生的现代化。如何建设人与自然和谐共生的现代化，是林业部门特别是自然保护地管理机构应当认真思考的问题。

自古以来，我们的先人就对人与自然和谐共生的关系做了大量的论述，为后人提供了思想启迪。《老子》说"人法地，地法天，天法道，道法自然"，强调要把天、地、人统一起来，把自然生态与人类文明联系起来，按照大自然规律进行活动。时光的车轮驶入新的时代，在建设社会主义现代化强国的新征程上，既要物质上的现代化，更要人的现代化，两者不可偏废。因此，我们要认真学习贯彻落实习近平生态文明思想，牢固树立绿水青山就是金山银山的理念，加强对公众的自然教育，把自然教育作为林业部门应尽之责，促使人们尊崇自然、顺应自然，确保人与自然和谐共生的现代化建设如期实现。

过去，我对雷公山国家级自然保护区了解不多。到贵州省林业和草原局工作后，我先后3次到雷公山国家级自然保护区调研，因而对雷公山国家级自然保护区有了更多、更深入的了解。雷公山国家级自然保护区总面积4.73万公顷，地跨雷山、台江、榕江、剑河四县，涉及10个乡（镇）40个行政村9800多户4万多人，是一个以保护秃杉等珍稀生物为主的自然资源、具有综合经营效益的中亚热带山地气候森林类型自然保护区，也是贵州省面积第二大的国家级自然保护区。经过多年的保护管理，雷公山国家级自然保护区生态系统完善、生物资源丰富。据专家调查监测，雷公山国家级自然保护区内现有生物种类5185种，其中，野生动物2327种，仅国家重点保护野生动物有60种；野生植物2595种，而国家重点保护野生植物达84种。特别是这里有着全国面积最大、保存最完整、原生性最强的原始秃杉群落，是科研人员、高等院校师生研究秃杉最理想的地方。同时，海拔2178.8米的苗岭主峰雷公山，是长江和珠江水系的分水岭和重要发源地之一，生态地位极为重要。

雷公山国家级自然保护区管理局高度重视自然教育工作，于2019年11月被中国林学会授予"第二批全国自然教育基地"称号。为了让人们更好地认识雷公山，杨少辉、唐秀俊、王雄伟、谢镇国又积极组织人员编写自然教育乡土教材《神秘的雷公山》，这是一件非常有意义的事情。所以，他们叫我为本书写个序，我也就很高兴地应允了。看了这本书，我觉得有四个特点。

一是知识性。本书巧妙地将自然生态知识融入其中，如写到雷公坪时，不单是写雷公坪的自然地理环境，还科普了泥炭藓的生态价值；又如写到苗族扫寨时，不光简单地介绍这一民俗活动，更重要的是挖掘了苗族文化活动本身蕴藏的丰富内涵，提升了它在森林防火中的现实意义和重要作用，让人受益匪浅。

二是趣味性。如在介绍雷公山时，介绍了天井常年不涸这一自然现象，最后阐述了生态系统的"虹吸现象"的科学道理。又如讲到佛光时，也给读者进行了科学普及，这对帮助公众特别是青少年认识自然具有很好的作用。另外，读本还结合青少年特点，设计了问答题，增强了参与性和实效性。

三是可读性。本书用通俗的文字介绍雷公山的自然资源及山川风物时，用生动的故事讲述雷公山的神秘与神奇。尤其是第四篇"多彩的雷公山"，能从民族学的另一个视角对雷公山国家级自然保护区内苗族群众长期以来形成的生态保护文化进行挖掘、整理和提炼，可以说是本书最突出的一个亮点。通过苗族生态文化，让读者知道雷公山国家级自然保护区现有的生态成果，不仅有各级党政和管理部门的艰苦努力的结果，而且也有生活在这片土地上的苗族群众珍爱自然的生态理念在潜移默化地影响着一代又一代人。

四是可视性。本书采用图文并茂的形式，介绍了丰富的动植物资源，展现了浓郁的民族生态文化，既活跃了版面，又增强了吸引力。说实话，这些精美的图片以及承载的多彩而厚重的文化，不仅让人爽心悦目，而且让人有一种想到雷公山国家级自然保护区去参观体验的冲动与向往。

我希望，通过《神秘的雷公山》的出版发行，让社会公众更多地了解雷公山、热爱雷公山、走进雷公山、保护雷公山，发挥教育潜移默化的功能作用，使生态保护意识流淌到每个人的生命里，进而形成推动生态保护的磅礴力量，为推动贵州生态文明出新绩作出新的、更大的贡献。

2023 年 9 月

前言

　　雷公山国家级自然保护区（以下简称"雷公山保护区"）于 1982 年 6 月建立，2001 年 6 月晋升为国家级自然保护区。雷公山保护区面积 4.73 万公顷，地跨雷山、台江、剑河、榕江四县，涉及 10 个乡（镇）40 个行政村 4 万多人。经过 40 多年的保护管理，雷公山保护区林地面积、活立木蓄积量、森林覆盖率、生物种类实现了同步增长。雷公山保护区这些丰富的生物资源、绮丽的自然风光、独特的生态文化，使之成为开展自然教育不可多得的地方。

　　为了更好地利用丰富的自然和人文资源，充分发挥保护区管理机构在自然教育中的职责作用，展示雷公山保护区的新形象，唱响保护区的好声音，传递保护区的正能量，在州委、州政府和省林业部门的大力支持下，我们利用中央林业草原生态保护恢复资金（国家级自然保护区补助），于 2021 年启动了雷公山自然教育读本的编写工作。

　　我们立足于大中小学师生这一特殊对象，兼顾了社会公众这一群体，紧紧围绕科学性、知识性、趣味性、可读性四大原则，力求在普及生态知识、讲好生态故事、展现保护成果上下功夫，力争做到"老少皆宜"。经过4次修改，历经3年，雷公山保护区自然教育乡土读物《神秘的雷公山》终于与广大读者见面了。我们希望通过这本书，能进一步增进社会公众特别是青少年学生对雷公山保护区生态环境和自然资源的认识，播下生态保护的种子，使人们更加敬畏自然、热爱自然、遵从自然、保护自然。

首先，在本书的编写工作中，谢镇国、余永富、余德会、唐秀俊、杨应光、陈继军、侯德华、杨少辉等8位同志参加了本书文稿的撰写，雷山县摄影家协会李玉贵、杨光才专门为本书提供了照片。其次，杨应光、王志成参与了初期的文字修改。再次，杨少辉对全书进行了全面的修改和统纂。最后，州林业局党组成员杨学义，州林业科学研究所所长、研究员宋盛英，州教育局干部刘博，雷山县科协主席余德利，雷山县苗学会会长白志恩及苗族学者唐千武，雷山县作家协会作家杨应光，雷山县摄影家协会摄影家杨光才，雷山县丹江小学自然教育教师周银胜等9位专家为本书进行了评审。此外，谢镇国、李彬、王越、杨艳辉、张恒、弓丽花在工作统筹调度、材料收集、文字录入、文字校对等方面也做了大量工作。在此，特向本书付出辛勤劳动的各位专家、各位老师、各位同仁一并表示衷心的感谢！

由于编者水平有限、经验不足，本书疏漏之处在所难免，恳请读者给予批评指正。

编委会

2023 年 11 月

序
前　言

云雾中的雷公山顶七六四电视转播台

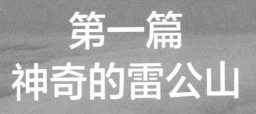

第一篇
神奇的雷公山

1982年6月，贵州黔东南州人民政府经贵州省人民政府批准建立了雷公山自然保护区；2001年6月，雷公山保护区晋升为国家级自然保护区。

　　雷公山史称"牛皮大箐"，苗语谐音为"报别勒"，意思是天宽地阔、森林茂盛的山坡。以苗岭主峰雷公山命名的雷公山国家级自然保护区（以下简称"雷公山保护区"）位于贵州高原苗岭山脉东段，地跨雷山、榕江、剑河、台江四县，面积4.73万公顷，其主峰雷公山海拔2178.8米，地理坐标为东经108°5′～108°24′和北纬26°02′～26°34′，是黔东南州唯一的国家级自然保护区，也是贵州省面积第二大的国家级自然保护区。

雷公山云雾

01

地貌特殊

　　雷公山保护区在大地构造上位于云贵高原向湖南、广西丘陵盆地过渡的斜坡地带，地层古老，历史悠久。2亿年前，处于雷公山南面100千米的从江一带发生了强烈的火山活动，南北夹击的雷公山也成了地壳活动最激烈的地区。在早震旦纪的洲际冰山作用下，雷公山成了贵州最早的陆地。

　　距今大约200万年，地学史上最近一次规模巨大的喜马拉雅造山运动来临。亚欧板块在印度板块的猛烈撞击下，青藏高原猛然从海底升起，在极短的时间内迅速成为地球的"第三极"——高不可攀的"世界屋脊"。

　　喜马拉雅造山运动极大地波及和影响了贵州大地，使整个贵州在不长的时间里急剧上升1000多米。气势磅礴的运动形迹再一次叠加在古老的雷公山大地上，大体奠定了雷公山现代的地貌格局。于是，一座巍峨、壮阔、雄伟的雷公山展现在世人面前。论高度，世界最高峰的珠穆朗玛峰海拔8848米，雷公山不及其高度的1/4；论泛出海面的"出生年月"，雷公山却有着6亿年的历史，是珠穆朗玛峰年龄的300倍。

　　雷公山脉自东北向西南贯穿雷公山保护区全境。雷公山地质向斜构造，保存完整，地势高耸，海拔多在1800米以上。雷公山最高海拔2178.8米，最低海拔为小丹江茅人河650米，相对高差1500米以上。地貌分为低山、低中山、中山、高中山等4种不同地貌类型，因而沟谷纵横，山峦重叠，

地形复杂，相对高差大。

雷公山因山地岩石风化作用强烈，风化程度大，土层疏松。特殊的地貌形成了土壤类型的多样性，其中，海拔650～1400米，主要为山地黄壤；海拔1400～2000米，为山地黄棕壤；海拔1700～1900米，在山顶封闭的洼地上分布着山地泽土；海拔2000～2100米，主要分布着山地灌丛草甸土。山地黄壤和山地黄棕壤的土层厚度均达60～80米，全剖面呈强酸性至酸性反应，表层pH值为0.38～4.3。

雷公山保护区特殊的土带结构，使土壤肥力强，适宜林木生长，能满足诸多树种特别是秃杉等植物的生长要求，因而孕育了遐迩闻名的"秃杉之乡"。

雷公山地质剖面

02

气候多样

　　独特的地理环境造就了雷公山梦幻般的气候奇观。雷公山具有明显的中亚热带季风山地湿润气候特征，温暖湿润，雨量充沛，气候类型多样，光、热、水资源丰富，为种类繁多的生物生长繁育提供了良好的生态环境。

　　雷公山区雨量充沛。雷公山区降水分布的总趋势是从西向东递增，年降雨量在1300～1600毫米，以春、夏季降水较多，而秋、冬季降水较少。4—8月，每月降水量均在150毫米以上，其中降水集中的5—7月，每月降水量均在200毫米以上。随着海拔高度的增加而增加，降水量变幅大致在1250～1500毫米。

　　雷公山区气温较低。相对而言，雷公山顶比周围丘陵山地平均要高出1000米以上，最冷为1月，平均气温仅为1.6摄氏度；最热为7月，平均气温才15.8摄氏度，比山下的雷山县城要低8摄氏度之多。雷公山夏季，俨然是一个天然的大空调。

　　雷公山区雨雾较多。雷公山区每年有着近300个雨日和雾日。有时山麓阳光普照、而山腰则浓雾笼罩；有时太阳普照，却还细雨霏霏。人们都说贵州"十里不同天"，而雷公山区却是瞬息万变，相隔几百米甚至是几十米，就是另外一种天气。

　　雷公山区终年云雾缭绕，日照时间短，雨量充沛，且雨热同季的气候特点，有利于生物繁衍，这实在是大自然对雷公山区的厚爱。正是雷公山的这些气候特点，使雷公山区的茶叶、天麻、魔芋、百合、折耳根等农产品具有独特的内在品质。

雷公山植被

03

水文富集

　　雷公山保护区地形高差大，年降水量最高达1620毫米，且浅变质岩构造风化裂隙含水丰富，地表水文网密集，河流坡降陡且基流量大，大气降水、地表水和地下水循环交替环境和谐，水力资源十分丰富。雷公山区是贵州两大降水中心之一。

　　雷公山保护区处于长江水系和珠江水系分水岭地带，中亚热带森林生态系统的森林水文效应在增加地下水贮存，调节地表径流，抑制洪水暴涨暴落，促进大气降水、地表水以及地下水良性循环转化等方面发挥了重要作用，加上古老地层岩石经历多次构造运动，岩石断裂及节理裂隙十分发育，独特的水文地质结构为裂隙水的贮存及运动创造了十分优越的条件，导致雷公山保护区地表水及地下水资源十分丰富。

雷公山保护区水资源总量（地下水和地表水）为183731万立方米/年，其中地下水资源为37382万立方米/年，为动植物的生存和发展提供了良好的条件，为清水江、都柳江两江流域的重要水源地和流量的维持者，对地区生态系统平衡起到重要的作用，构成长江、珠江水系重要的生态屏障。

　　良好的生态屏障，丰富的水资源，使雷公山成为周边县（市）居民生活用水的重要水源地。目前，雷公山保护区内已建或正在兴建鸡鸠水库、西江水库、羊苟水库、脚尧水库、大塘水库、九十九水库等中型水库，在促进地方经济社会发展中发挥着极其重要的作用。

雷公山植被与溪流

知识问答

Q 001
雷公山保护区是哪年建立的？
哪年晋升为国家级自然保护区？

Q 002
雷公山最高海拔多少米？
最低海拔多少米？

Q 003
雷公山苗语叫什么？
是什么意思？

神秘的
雷公山

自然观察笔记

柝裸伞

第二篇
富饶的雷公山

雷公山地处中亚热带气候区，冬暖夏凉，雨量充沛；土壤有山地黄壤、山地黄棕壤、泽土等各类土壤，且呈强酸性。优越的地质条件孕育了种类众多的生物。据专家调查，雷公山保护区内现有生物5185种，其中，高等植物2595种，野生动物2327种，大型真菌263种，被誉为野生动植物物种的"基因库"。

雷公山保护区属中亚热带东部偏湿性常绿阔叶林，海拔高差1500多米，导致森林植被具有垂直分布的明显特点：海拔在1350米以下的是地带性常绿阔叶林；海拔在1350～1850米的是以多脉水青冈、水青冈、亮叶水青冈为主的常绿落叶阔叶混交林；海拔在1850～2100米的为山顶苔藓矮林；海拔在2100米以上的是杜鹃、箭竹灌丛。

由于雷公山保护区植被垂直分布明显，因而四季森林景观分明。特别是到了秋天，雷公山区五彩斑斓、绚丽多彩，仿佛是大自然馈赠的一幅山水画。2017年11月，雷公山常绿落叶阔叶混交林被《森林与人类》评为"中国最美森林"。

苔藓矮林

01

植物的王国

　　雷公山保护区植物种类繁多。据调查核实，现有高等植物2595种，列入国家重点保护野生植物为84种，其中，有国家一级保护野生植物红豆杉、南方红豆杉、小叶红豆、峨眉拟单性木兰4种；国家二级保护野生植物钟萼木、秃杉、水青树、鹅掌楸、福建柏、香果树、柔毛油杉、翠柏、春兰等80种。同时，雷公山保护区还有金叶秃杉、苍背木莲、凯里石栎、雷山瑞香、雷山瓜蒌、长柱红山茶、凯里杜鹃、雷山杜鹃、雷公山槭、凸果阔叶槭等10种特有珍稀植物。

　　雷公山药用植物极为丰富。据调查监测，雷公山蕴藏着625种药用植物，其中，黄连、大叶三七、杜仲等珍贵中草药15种，大宗中草药32种，少数民族用药200多种；有香菇、木耳、银耳等食用菌75种，有树舌灵芝、银耳、美味侧耳等药用菌58种。当地苗族医师利用这些地道的中药材为当地苗族群众治疗疑难杂症，王增世等一大批苗族医师还被列入国家、省、州的非物质文化遗产传承人。

　　雷公山保护区的森林类型较为典型，特别是常绿阔叶林、常绿落叶阔叶混交林是比较有代表性的森林。雷公山保护区的常绿阔叶林是在亚热带湿润气候条件下以常绿阔叶树种（壳斗科、樟科、山茶科、木兰科等）为主组成的森林生态系统，主要分布在小丹江管理站辖区，在交密管理站辖区也有成片分布。从雷山县方祥乡毛坪村至小丹江公路沿线可以见到终年常绿、林相整齐、树冠浑圆的森林群落外貌。常绿阔叶林有许多淀粉坚果、肉质果实和野生蔬菜植物，加上林冠高大、层次复杂，为野生动物提供了良好的生存环境，也是蛇虫等野生动物栖息的家园。之所以有这一典型的森林类型，主要与我国地处大陆东岸、亚热带地区受季风影响而形成常绿阔叶林密切相关。由于常绿阔叶林分布地区的水热条件十分优越，目前大部分被开辟为耕地或改种杉木用材林，仅在坡陡谷深、人迹罕至的边远山区才保存有原始的常绿阔叶林。虽然雷公山常绿阔叶林受到不同程度的人为干扰，但它的群落种类组成、数量特征、空间结构、群落动态，在物质循环、能量流动方面的原始性质功能是存在的，为人们保存了一个中亚热带森林生态系统的原始面貌，是研究常绿阔叶林难得的科研、教学基地。

雷公山常绿落叶阔叶混交林为雷公山保护区的主要分布森林类型。它由常绿阔叶树和落叶阔叶树混合组成，出现于亚热带和暖温带的过渡带或亚热带山地常绿阔叶林上界的森林植被类型。随着海拔的升高，雷公山保护区气温降低，喜温的常绿树种受到限制，耐寒的青冈、栲属等常绿阔叶树种及枫香树、水青冈、亮叶水青冈、多脉青冈、野樱、槭属等落叶阔叶树种增加而形成了天然阔叶混交林，分布海拔高度为1800米之下，分布面积3.21万公顷，占雷公山保护区面积的67.86%。常绿落叶阔叶混交林外貌四季分明，春季淡绿春意盎然，夏季披上绿装艳抹，秋季色彩斑斓，冬季叶落枝秃。

据2022年数据显示，雷公山保护区森林覆盖率为92.34%，而常绿阔叶林和常绿落叶阔叶混交林占保护区森林面积的66.01%，比贵州省62.18%的森林覆盖率还要高近4个百分点。可见，雷公山保护区植物以常绿阔叶林和常绿落叶阔叶混交林为主，体现了雷公山保护区的森林具有原始森林及常绿阔叶林、常绿落叶阔叶混交林的鲜明特点。

秃 杉

秃杉是雷公山保护区的旗舰物种。秃杉起源古老，是第三纪古热带植物区系的孑遗种，为世界上稀有的珍贵树种，为常绿大乔木，树形高大挺拔，枝叶浓密翠绿，树姿端庄挺拔，给人"万木之王"的感觉。

秃杉心材紫红褐色，边材深黄褐色带红，纹理通直，结构细匀，可作为建筑、桥梁、电杆、舟车、家具、板材及造纸原料等用材，也是一种速生丰产的造林树种。

雷公山保护区现有秃杉集中分布41片，总面积77.7公顷，最大一片10公顷。经调查，保护区内共有天然秃杉39.29万株，其中，胸径10厘米以上的有0.52万株，胸径5~9.9厘米的有7.77万株，幼树（树高50厘米以上，胸径5厘米以下）有22.45万株，幼苗（树高50厘米以下）有8.55万株。

天然金叶柔杉

秃杉在我国有3个分布区，即云南怒江和澜沧江流域、湖北利川、贵州雷公山。在这3个分布区中，雷公山保护区是秃杉分布面积最大、数量最多、原生性最强的分布区，也是全国唯一以秃杉为重点保护对象的国家级自然保护区，是开展天然秃杉林研究的重要基地。2014年，中国野生动植物保护协会授予雷山"秃杉之乡"称号。

金叶秃杉

　　在雷公山保护区内的剑河县太拥镇昂英村白虾的深山密林中，专家们发现了两株金叶秃杉：一株为孤立木，其胸径

天然金叶秃杉

人工嫁接金叶秃杉

为131厘米，树高40多米；另一株位于交包村的混交林中，胸径为82.8厘米，树高37米。远远看去，金叶秃杉那金黄色的树冠与周围绿色的针阔混交林形成鲜明的对比，具有较高的观赏价值。

金叶秃杉的金黄色树冠，是区别于秃杉的显著特征。同时，金叶秃杉球果稍小且呈卵圆形；秃杉球果稍大，呈长卵圆形。金叶秃杉种子两侧的翅比秃杉种子的稍宽，且种子比秃杉的稍短；金叶秃杉种子大多数头部、尾部的翅裂隙比秃杉种子的稍浅而小。

由于金叶秃杉极其稀少，为保存这个珍稀物种，雷公山保护区管理局科技人员采取人工嫁接等方式进行拯救保护，现已成功繁殖金叶秃杉1000多株，长势良好。

雷公山"穿衣树"

雷公山的苔藓被人们称为"穿衣树"。苔藓无花、无种子，以孢子繁殖。苔藓植物包括苔纲、藓纲和角苔纲。苔藓植物对生态环境十分敏感，被人们称为生态的"晴雨表"。

苔藓植物喜欢阴暗潮湿的环境，一般生长在裸露的石壁或潮湿的森林和沼泽地。全世界的苔藓种类有1.8万种，大部分苔藓植物高2～5厘米。在植物界的演化进程中，苔藓植物代表着植物从水生逐渐过渡到陆生的类型。

在自然生态系统中，苔藓植物具有独特的作用。一是苔藓植物可吸水、固水，其吸水量可达植物体干重的15～20

倍，而其蒸发量却只有净水表面的1/5。因此，在防止水土流失上起着重要的作用。二是苔藓植物能促使土壤分化，为其他高等植物创造有利的土壤条件，是植物界的拓荒者之一。三是苔藓植物有很强的适应水湿的特性，可使湖泊、沼泽干枯，为陆生的草本植物、灌木、乔木创造了生活条件，从而使湖泊、沼泽演替为森林。苔藓植物对湖泊、沼泽的陆地化和陆地的沼泽化起着重要的演替作用。四是苔藓植物的叶只有一层细胞，二氧化硫等有毒气体可以从背腹两面侵入叶细胞，使苔藓植物无法生存。人们利用苔藓植物的这个特点，把它当作检测空气污染程度的指示植物。所以，有苔藓出现的地方，多为环境良好的地方。

雷公山保护区苔藓植物有55科113属361种，其中，藓类植物33科86属278种3亚种6变种，苔类植物22科27属83种1亚种5变种。与我国其他区域相比，雷公山保护区的苔藓植物丰富性指数比较高，是我国苔藓现代分布的一个分布中心。在海拔1800～2100米，雷公山苔藓植物厚厚地覆盖在低矮的树木上，宛若给高山矮林披上深绿色的棉袄，构成了高山苔藓矮林植被景观，当地人美其名曰"穿衣树"。这些高山苔藓矮林，经风见雨，盘旋曲枝，绿须飘飘，如饱经沧桑的老人，成为雷公山保护区一道独特的森林景观。

苔藓矮林——当地人称"穿衣树"

雷山杜鹃

雷山杜鹃

　　雷山杜鹃，是杜鹃花科杜鹃花属常绿灌木，为雷公山特有树种。一般树高约3米，树皮灰色，干后开裂；小枝呈圆柱形，直径为3～4毫米，幼时被硬毛，以后逐渐脱落；芽鳞膜质，长卵形；叶常密生于枝顶，厚革质，椭圆形或倒卵形；总状伞形花序，有花3～5朵，花紫红色，花期4—5月。雷山杜鹃生于雷公山保护区海拔1800米以上的灌木丛中，数量较少，现仅有100株左右。

雷山杜鹃萌发力强，耐修剪，根桩奇特，枝繁叶茂，绮丽多姿，是人们用于庭院绿化及居家的优良盆景植物。

雷公山杜鹃

雷公山杜鹃，为杜鹃花科杜鹃花属常绿小乔木或灌木，胸径达16厘米，小枝粗壮，幼枝被腺体；叶革质或厚革质，6～9片聚生枝顶，下垂；幼叶紫红色，稍大后叶面

雷公山杜鹃

雷公山杜鹃

呈绿色，背面为粉绿色；总状花序有花10～11朵，花序轴淡褐色；花冠呈喇叭形，白色、肉质、芳香；花期6—7月，果期10—11月。

雷公山杜鹃分布在雷公山保护区虎雄坡一带海拔1200～2178米的天然阔叶林和人工杉木林中，面积为500公顷，有成熟的植株50株，更新幼苗普遍存在。

雷公山杜鹃是雷公山特有种，为贵州特有濒危植物，具有重要的生态保护价值。同时，其花色奇特典雅，富有较高的观赏价值，可作为优良花卉观赏树种。

狭叶方竹

狭叶方竹，俗称"八月笋"，是禾本科寒竹属的灌丛型竹种。其竹高2~5米，竹秆每节为3分枝即三枝型，也有多枝者，枝条实心，竹节处隆起，且多数有刺。地下茎为单轴散生型，有地下茎（竹鞭），茎上有节、节上生根，每节着生一侧芽，交互排列，侧芽或出土成竹，或形成新的地下茎，或呈休眠状态；顶芽不出土，在地下扩展。地上茎为散生，故称散生竹。

狭叶方竹主要分布在雷公山保护区海拔1000~2000米，

狭叶方竹

狭叶方竹种子

分布面积约有0.7万公顷。除此之外，在贵州施秉云台山（地名为黑山）以及陕西、广西部分山区也有分布。

　　狭叶方竹在温凉、湿润、多雾的环境生长良好，一般生长在气候凉爽、生态植被完整的山谷、溪边和水汽充足的山坡，土壤为枯枝落叶层很厚的松软腐殖质土，与亚热带常绿落叶阔叶乔灌木组成复层混交林，是雷公山保护区分布最稳定的森林群落之一。狭叶方竹出笋始于9月上旬，结束于10月中下旬，历时35～45天，因此当地俗称"八月笋"。种子为红褐色，成熟期4—5月，大小形状与小麦种子差异不大，可食用。狭叶方竹出笋规律有别于其他竹种，其对海拔高度、温度、湿度极为敏感，最先从高海拔开始出笋然后逐渐向低海拔出笋。

狭叶方竹的竹笋为黄褐色，皮薄肉厚、味道鲜美可口、耐储藏，深受大众喜爱，市场供不应求，是当地群众增加经济收入的重要资源。

雷山方竹

雷山方竹，地方俗称"甜笋"。目前，仅在雷公山保护区内发现有分布，为雷公山特有竹种。竹秆高2～5米，叶长9～25厘米，叶中部宽1.0～2.5厘米，竹秆每节多为多分枝，枝条实心，节处隆起但无刺。地下茎与狭叶方竹一致，为单轴散生型，有真正的地下茎（竹鞭），竹鞭上有节、节上生根，每节着生一侧芽，交互排列；侧芽或出土成竹，或形成新的地下茎，或呈休眠状态；顶芽不出土，在地下扩展。地上茎为散生，故称散生竹。雷山方竹主要集中分布在雷公山保护区海拔1200～1650米的区域内，其他区域也有零星分布。

雷山方竹竹笋为黑褐色，比狭叶方竹出笋期晚20～30天，笋期为10—11月，竹笋味道比狭叶方竹竹笋更加鲜美可口，当地俗称"甜笋"。雷山方竹出笋生长习性、出笋规律与狭叶方竹类似，先从高海拔开始出笋逐渐往低海拔下移。甜笋肉质肥厚，口感好，稍有甜味，耐储藏。因此，不管是"八月笋"，还是"甜笋"，均深受当地群众喜爱。

雷山方竹

02

动物的世界

　　雷公山保护区动物资源极为丰富。目前，已采集到并经鉴定的有53目180科2239种，其中，哺乳动物8目23科53属67种，鸟类14目31科154种，爬行类3目10科33属60种，两栖类2目8科36种，鱼类4目10科30属35种，昆虫和蜘蛛22目94科114属1861种，陆地寡毛类4科5属26种。在这些野生动物中，有国家重点保护野生动物60种，雷公山特有野生动物163种。

　　雷公山保护区是神秘生物的栖息地。雷山髭蟾为雷公山特有的两栖动物，尾斑瘰螈、棘指角蟾为中国特有珍稀两栖动物。海南虎斑鸦为国家一级保护野生动物，被称为"世界上最神秘的鸟"，2007年8月在雷公山保护区首次发现，后来不断发现其在雷公山区筑巢繁衍后代，已成为雷公山保护区鸟类新记录和雷公山的留鸟。

　　雷公山保护区昆虫区系的区域性近代发生中心和分化中心。迄今所知，雷公山保护区有昆虫种类1861种，其中药用、观赏、食用、工业用、饲料用等昆虫资源十分丰富。经专家研究，雷公山保护区昆虫区系属典型东洋界区系和典型华中区区系，昆虫特有种达163种，固有（特有）比重达

7.83%。雷公山昆虫区系拥有高比重的固有（特有）率，具有年轻性特征，这充分表明雷公山保护区已成为昆虫区系的区域性近代发生中心和分化中心。

"贵州蛇岛"

雷公山保护区是长江水系和珠江水系的分水岭，地势高耸，西北高、东南低，年平均气温山麓为14～16摄氏度，山顶为9.2摄氏度，年降水量为1300～1600毫米。雷公山保护区的光热水条件优越，良好的自然生态环境为蛇类物种多样性及其生存、繁衍提供了得天独厚的条件。

雷公山保护区有爬行动物60种，隶属3目10科33属，占贵州爬行动物总种数的52.8%，比贵州梵净山、福建武夷山、广西瑶山国家级自然保护区种类组成还多，其爬行动物丰富度较高，被誉为"贵州蛇岛"。

雷公山保护区分布有53种蛇类，常见的蛇类有赤链蛇、王锦蛇、颈棱蛇、环纹华游蛇、乌梢蛇、尖吻蝮（五步蛇）、竹叶青、原矛头蝮等。它们主要生活在雷公山保护区海拔650～1800米区域内，如格头、毛坪、方祥、小丹江、桥歪、桃江等地大部分是无毒蛇。雷公山保护区的毒蛇有10余种，如尖吻蝮、眼镜王蛇、竹叶青、银环蛇等。

在雷公山保护区分布较多的尖吻蝮，隶属于蛇亚目蝰科尖吻蝮属，为中型蛇类，全长可达1.5米。其头大，为典型三角形；吻端尖出，明显上翘；毒牙结构为管牙。尖吻蝮喜欢

竹叶青

眼镜蛇

在树林底层落叶间、灌丛的岩石上、杂草中、山溪旁岩石上栖息，可见于稻田、沟边、道旁、耕地、山坡等地，经常在清晨、黄昏出没，有时也进入民宅内、柴堆下；有向火的习性，会向火光进行袭击，食鼠、鸟、蜥蜴、蛙等；每年5月、9月、10月交配，每次产卵11～20枚，有护卵习性。

　　各种毒蛇都有明显特征，蝰科（蝮亚科）毒蛇头部三角形、竖瞳孔、皮肤粗糙；眼镜蛇科毒蛇头部圆形、瞳孔圆形、颈部皮肤松弛且有花纹，多会发出喷气声，具白色环纹，颈部扁平。此外，雷公山保护区游蛇科的虎斑颈槽蛇也是毒蛇，但它注毒比较困难。

　　其实，蛇离我们的生活很近。在野外，经常能看到它们的踪迹。在一般情况下，蛇不会主动攻击人类。所以，我们遇到蛇，最好绕道而行，避免与蛇正面冲突。

尖吻蝮

小灵猫

小灵猫，俗称"七间狸"，属于灵猫科小灵猫属，体长48～58厘米，尾长33～41厘米，体重2～4千克；全身灰黄色或浅棕色，背部有棕褐色条纹，体侧有黑褐色斑点，颈部有黑褐色横行斑纹，尾部有黑棕相间的环纹。

小灵猫喜欢幽静、阴暗、干燥、清洁的环境，多在晚上或清晨活动，白天则躲在树洞或石洞中休憩，性格机敏而胆小，行动灵活，会游泳，善于爬到树上捕食小鸟、松鼠或者取食果实。繁殖期分为春、秋两季，但以春季为主，一般集中在2—4月，每胎产仔2～5只。小灵猫多栖息于低山森林、阔叶林的灌木层、树洞、石洞中。

小灵猫属国家一级保护野生动物，被列入《濒危动植物种国际贸易公约》附录和《世界自然保护联盟濒危物种红色名录》。

黑 熊

黑熊是亚洲黑熊的一个亚种，为国家二级保护野生动物。黑熊体毛黑亮，胸部有一块"V"字形白斑，头圆、耳大、眼小，嘴短而尖，鼻端裸露，足垫厚实，身体粗壮。

黑熊栖息于雷公山保护区海拔600～2000米的常绿阔叶林、针阔叶混交林地带，主要在白天活动，善爬树，会游泳，能直立行走，也能像人类一样坐着。其视觉差，因而被人们戏称为"黑瞎子"；嗅觉、听觉灵敏，顺风可闻到500米外的气味，能听到300米外的脚步声。黑熊为杂食性动物，以植物叶、芽、果、种子为食。黑熊有冬眠习性，整个冬季蛰伏在雷公山保护区的山洞、树洞或石下巢穴中，不吃不动，处于睡眠状态，翌年3月、4月出来活动。黑熊夏季交配，孕期7个月，每胎1~3只。

雷公山保护区的黑熊种群较多、分布较广。据雷公山保护区智慧管理平台监测显示，在雷公山保护区内的丹江、交密、方祥、西江、桃江、小丹江等10多个区域的监测点拍到黑熊活动影像。

黑熊

黑熊是凶猛的食肉动物。若受到惊吓、受伤或哺乳期，黑熊会攻击人类。野外遇到黑熊，它不会立即跑上来攻击人，不要激怒它，然后面对着黑熊慢慢地向后退。如果你在后退的过程中，黑熊已经朝你而来，那么你要做的就是脱掉外套，扔掉背包，因为这些陌生的物体会吸引黑熊的注意力，这样能为你争取宝贵时间。雷公山保护区管理局在黑熊活动区域安装了警示牌，让野生动物与人类和谐共处。

雷山髭蟾

雷山髭蟾，又名角怪，属无尾目角蟾科拟髭蟾属，是我国特有珍稀无尾两栖动物。1973年，我国动物学家胡淑琴等专家对雷公山下格头村采集到的标本鉴定，髭蟾为我国特有珍稀无尾两栖动物，后定名为"雷山髭蟾"。2021年，雷山髭蟾被列为国家二级保护野生动物。目前，雷山髭蟾仅在雷公山保护区内有分布，成为雷公山保护区唯一特有的野生动物。

雷山髭蟾体形粗壮，背面蓝棕色，腹面紫灰色；头扁平，吻宽圆，上颌后缘有两对锥状黑角质刺；前肢长，后肢短；皮肤褶皱。

雷山髭蟾活动极为隐秘，多栖息在植被类型保存良好、水源充足、海拔在800～1800米林木繁茂的山间小溪。白昼，它隐匿在石隙、土洞、杂草或树根下。夜间，它出行觅食，以蝗虫、蟋蟀、叩头虫、竹蝗、金龟子等农林害虫为食。雷

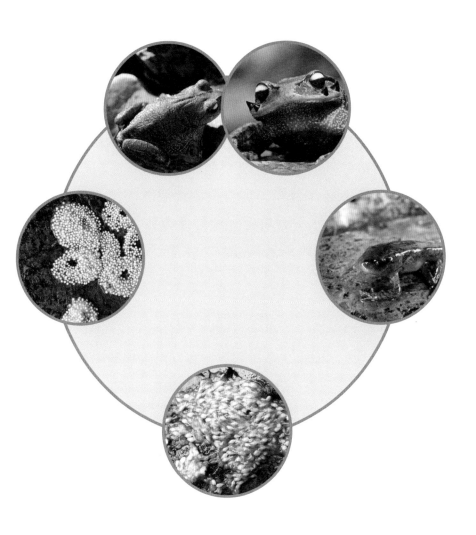

雷山髭蟾的繁殖过程

山髭蟾在陆地上活动能力极差，不像其他的蛙类善于跳跃，行走时两肢竖立，缓慢向前移动。

一般蛙类都是雄性体小，雌性体大。雷山髭蟾则相反，雄性体大，雌性体小。在繁殖季节，雷山髭蟾雄蟾的上颌两侧长有两枚黑角质刺，雌蟾则无黑角质刺。

每年11月上中旬，是雷山髭蟾繁殖期。雄蟾从陆地潜入水中，在溪沟水下底部比较平整的石块下筑巢，在筑好的巢内发出"哦哦"的鸣叫声，吸引雌蟾来交配、受精产卵。卵灰白色，直径约3.5毫米。卵群呈团状或圆环状，在水中飘荡，最后黏附于水中石块上。卵群含卵数为162~394粒，在2月底开始形成蝌蚪脱离卵囊下水生活，到4月底全部孵化。它的孵卵期为107~157天。从蝌蚪发育到幼蟾，需3年左右时间。

雷山髭蟾产卵后，雌蟾与雄蟾共同护卵1~2天后，雌蟾离水上岸活动，雄蟾继续守窝护卵和发出求偶的鸣叫声，等待再次交配。所以，雷山髭蟾集群产卵相当普遍，但以一雄多雌居多。

红腹锦鸡

红腹锦鸡，又名"金鸡"，中型鸟类，体长59~110厘米，尾长38~42厘米，为国家二级保护野生动物。雄鸟羽色华丽，头具金黄色丝状羽冠；上体除上背浓绿色外，其余为金黄色；后颈披有橙棕色而缀有黑边的扇状羽，形成披肩状；下体深红色；尾羽黑褐色，满缀以桂黄色斑点。雌鸟头顶和后颈黑褐色；其余体羽棕黄色，满缀以黑褐色状斑和横斑；脚黄色。其野外特征极明显，全身羽毛颜色相衬托，赤、橙、黄、绿、青、蓝、紫一应俱全。

红腹锦鸡栖息于雷公山保护区常绿阔叶林、针阔混交林和林缘疏林灌丛地带，也出没于一些灌木、草丛和矮竹林间。红腹锦鸡春夏季在林中有单独或成对活动，秋冬季有集群多达20～30只。红腹锦鸡白天大多在地上活动，中午多在隐蔽处停息，夜晚在树枝上栖息。红腹锦鸡胆小机警，善于奔走，当危险临近时，就飞到树林或树枝上躲藏。

红腹锦鸡

红腹锦鸡是中国独有的留鸟，被中国古人神话为凤凰，龙凤呈祥，成为中国的文化图腾。在雷公山保护区内桃江、排里、岩寨等村寨的苗族妇女，穿着像红腹锦鸡一样艳丽的服饰，模仿红腹锦鸡的动作翩翩起舞，人们把这种舞蹈称为"苗族锦鸡舞"。如今，苗族锦鸡舞已走出国门，蜚声国内外。

白　鹇

白鹇，属鸡形目雉科鹇属。雄鸟全长100～119厘米，雌鸟58～67厘米。雄鸟头顶具冠。嘴粗短而强壮，上嘴先端微向下曲，但不具钩；鼻孔不为羽毛所掩盖；翅稍短圆，尾长；跗跖裸出，雄性具距，但有时雌雄均有；趾完全裸出，后趾位置较高于他趾。雌雄异色。雄鸟上体白色而密布以黑纹，头上具长而厚密、状如发丝的蓝黑色羽冠披于头后；脸裸露，赤红色；尾长、白色，两翅也为白色；下体蓝黑色，脚红色。雌鸟个体稍小，通体橄榄褐色，羽冠近黑色。

白鹇主要栖息于雷公山保护区海拔2000米以下森林茂密、林下植物稀疏的常绿阔叶林和沟谷雨林，食昆虫以及植物茎叶、果实和种子等。白鹇通常成对或成3～6只的小群活动，性机警，很少起飞，紧急时也急飞上树。在繁殖期，其筑巢于灌木丛间的地面凹处，每窝产卵4～6枚，雏鸟早成性，孵出的当日即可离巢随亲鸟活动。

白鹇

03

真菌的乐园

  雷公山保护区在大地构造上属扬子准地台东部江南台隆主体部分的雪峰迭台拱，地层由下江群浅变质的海相碎屑岩组成。山体高耸庞大，山地土壤、植被垂直带明显，大气降水、地表水及地下水循环交替和谐，光、热、水资源丰富，气候类型多样，为生物生长发育提供了良好的生态环境。加上地史上未受第四纪冰川侵袭，成为许多古老的孑遗生物的"避难所"。在这样的环境中，雷公山保护区大型真菌极为丰富，成为雷公山保护区生物多样性的重要组成部分。

  根据调查资料，目前雷公山保护区大型菌物共有50科112属263种，其中，隶属担子菌41科99属239种，占已鉴定种总数的90.87%；子囊菌9科13属24种，占种总数的9.13%。

  雷公山保护区大型真菌种类的分布，与水分、温度、湿度、土壤、地形、植被以及枯枝落叶等因素密切相关。在大型真菌分布中，植物种类的组成对大型菌物种类的分布具有重要影响，具有植被类型不同、大型真菌种类组成也不同的特点。同时，由于雷公山山体高大，气候、土壤、植被的垂直地带性明显，因而大型真菌种类分布具有随海拔的变化差异而变化明显的特点。

　　雷公山保护区的森林、灌丛及草本植物的代谢产物以及遍布的枯枝落叶形成的腐殖质，为大型真菌生长提供了有利条件。常见的腐生菌有红孔菌、一色齿毛菌、近缘小孔菌（相邻小孔菌）、树舌灵芝、簇生黄韧伞等56种。它们分解植物残体，把森林中的枯枝落叶、枯立木、树桩通过分解变为简单物质而归还大自然，是有益的腐生菌。其中，有一些种类对森林有危害，常见的有桦褶孔菌、树舌灵芝、绒毛栓菌、烟色烟管菌等。在不同植被类型大型真菌分布特点中，生长在常绿阔叶林中的大型真菌165种，占种总数的62.74%；生长在次生落叶林和暖性针叶林中的大型真菌126种，占种总数的47.91%；生长在栎类灌丛群落中的大型真菌39种，占种总数的14.83%；生长在禾本草灌丛群落中的大型菌物19种，占种总数的7.22%。

　　雷公山保护区海拔不同，菌类垂直分布特点不同。在海拔1300米以下，以常绿阔叶林为主的低山林带，大型真菌最多，有158种，占种总数的60.08%；在海拔1300～2100米，以常绿落叶混交林为主的中山林带，大型菌物次之，有90种，占种总数的34.22%；在海拔2100米以上的亚高山林带中的大型真菌明显减少，有23种，占种总数的8.75%。可见，雷公山保护区的大型真菌种类、密度以及种类组成均随植被类型和海拔的不同而有明显的变化。

　　雷公山保护区大型真菌种类繁多。在这里，重点介绍食用菌、药用菌、毒菌3种。

食用菌

　　雷公山保护区内可食用的菌类有75种，常见的有香菇、栎金钱菌、长根奥德蘑、金针菇、网纹马勃、木耳、银耳、茶耳、格拉氏乳菇、臭红菇、美味侧耳、裂褶菌、白斗香菇、绒柄松塔牛肝菌、长裙竹荪、头状马勃、鸡枞菌等。

翘鳞韧伞菌

药用菌

雷公山保护区的药用菌有58种，常见的有桦褐孔菌、香菇、美味侧耳、金针菇、木耳、银耳、树舌灵芝。近年来，在临床实践中，紫芝、灵芝等药用菌对慢性肝炎、肾盂肾炎、血清胆固醇高、高血压、冠心病、白细胞减少、鼻炎、慢性支气管炎、胃痛、十二指肠溃疡等疾病有不同程度的疗效。鲑贝耙齿菌的发酵液及菌丝体中提取的革盖菌素类，均具有强烈的抑制革兰氏阳性力，对艾氏腹腔水癌及小白鼠白血病L-1220有抗癌作用。随处可见的裂褶菌所含的裂褶菌多糖，对小白鼠肉瘤180、小白鼠艾氏癌、大白鼠吉田肉瘤、小白鼠内瘤39种的抑制率为89%～100%。还有红菇属中的臭红菇、蓝黄红菇、黄斑红菇等6种对小白鼠肉瘤180及艾氏癌的抑制率均在60%～80%。

毒菌

雷公山保护区内生长的毒菌，常见的有钟形花褶伞、黑胶菌、簇生黄韧伞、鳞皮扇菇、臭黄菇、绒白乳菇、苦粉孢牛肝菌，可毒死兔子和豚鼠，橙黄蜡伞、小托柄菇、豹斑鹅膏、块鳞灰鹅膏菌、白毒鹅膏菌、瓦灰鹅膏菌、角鳞灰鹅膏菌等18种。

野生菌毒素成分比较复杂，一种毒菌可能含有多种毒

血红菇

纯黄竹荪

素，一种毒素可能存在于多种毒菌中。常见的野生菌毒素主要有四类：胃肠毒素、神经毒素、溶血毒素和肝毒素。

如果食用野生菌后出现恶心、呕吐、腹痛、腹泻、多汗、流涎、流泪、瞳孔缩小、幻听、幻视、抽搐、昏迷、黄疸、肝脾肿大、皮下出血、尿血、便血等症状，须及时就医，以免耽误治疗，发生严重后果。

预防野生菌中毒的正确方法：一是不要采食不熟悉的菌类，尤其是颜色鲜艳的菌，也不要吃生长过熟或者幼小的野生菌。二是购买菌类时，最好买曾吃过的菌类。买来后，必须炒熟、炒透后再吃。三是采来的野生菌不要全部放在一起炒或煮，最好每次只食用一种野生菌，而且食用量要有所控制，不要一次食用过多。四是加工烹调方法得当。不论是哪种菌类，都不要凉拌生吃；不论是炒，还是炖汤，都要炒熟煮透，不要用急火快炒。五是吃菌时切记不要喝酒。有的野生菌虽然无毒，但含有的某些成分会与酒中所含的乙醇发生化学反应，生成毒素，引起中毒。

如果食用野生菌后发生上述症状或感觉不适，尽快采取以下处理方法：一是及时大量喝温开水或稀释盐水，刺激舌根部，诱发呕吐，直到胃内物呕吐干净为止；二是呕吐干净后，喝活性炭、硫酸钠或硫酸镁进行导泻；三是喝少量糖盐水以补充液体，防止脱水的发生；四是如有意识不清的情况，不能自行催吐，应及时送医院治疗；五是保留食用过的野生菌，供专业人员救治时参考。

知识问答

Q 001 雷公山保护区现有生物种类是多少？其中，动物、高等植物、大型真菌各有多少种？

Q 002 雷公山保护区植物垂直分布有什么特点？

Q 003 雷公山保护区有哪些国家一级保护野生植物？又有多少种国家二级保护野生植物？

Q 004 雷公山保护区有哪些特有的珍稀植物？

知识问答

Q 009 雷山方竹俗称什么？
它的分布情况如何？

Q 010 什么鸟被称为"世界上最神秘的鸟"？

Q 011 雷公山保护区有几种毒蛇？

Q 012 雷公山的黑熊属于国家几级保护野生动物？
它有什么特征？

013 请简要介绍一下雷山髭蟾。

014 在雷公山保护区内桃江、排里、岩寨一带的苗族妇女模仿红腹锦鸡的动作翩翩起舞，这一舞蹈的名称是什么？

015 预防野生菌中毒的正确方法是什么？

016 如果食用野生菌后发生不适，应当如何处理？

自然观察笔记

雷公山水青冈林

第三篇
美丽的雷公山

苗岭主峰雷公山为苗岭之巅，区域内有高岩大峡谷、响水岩瀑布、巴拉河、乌密河等森林、山体、湿地森林生态系统；有雷山县西江千户苗寨、乌东、格头、小丹江、昂英、南刀等传统村落；有西江梯田、方祥梯田、开屯梯田等人文生态景观；有雷公坪、姊妹岩、高岩大峡谷等自然遗存；有响水岩瀑布、巴拉河等水体地质景观。走进雷公山保护区，就走进了一个自然博物馆。

雷公坪

01

雷公山的名胜

　　雷公山是苗岭山脉主峰，最高海拔2178.8米。雷公山脉从东北向西南呈"S"形贯穿雷公山保护区全境。在雷公山保护区的崇山峻岭中，至今仍有许多原生的自然资源、原始的民族文化和原貌的自然遗存。

雷公山之巅

　　雷公山最高海拔2178.8米，为苗岭的最高峰，也是黔东南州最高的山峰，更是苗族的"圣山"。

　　站在苗岭之巅，居高临下，极目远眺，万山拱卫，千峰竞秀，岿然独尊，尽收眼底。走进原始森林，竹林茂密，苔藓矮林挂满"胡须"。春来夏往，玉兰、杜鹃次第盛开，漫山遍野，点缀其间。山下，苗寨依山而建，星罗棋布，苗族风情浓郁。尤其是登上主峰观日出日落，看云海佛光，听林涛风啸，如诗如画，令人心旷神怡。

　　雷公山，史称"牛皮大箐"，至今仍保持着原始的植被。古往今来，雷公山人杰地灵，引无数英雄竞折腰。许多

雷公山日落

文人学士高歌赞美，《贵州通志·古迹志》曾记载："雷公山深在苗疆……绵亘二三百里……林木幽深，水寒土软，人迹罕至……"1934年，一代伟人毛泽东长征经过黔东南州境时，听闻雷公山雄奇险峻、云雾缭绕、气象万千，于是挥笔写下著名诗篇《十六字令》："山，快马加鞭未下鞍。惊回首，离天三尺三……"。本来就神奇的雷公山，经伟人诗篇的渲染，更增添了神秘的色彩。1945年，著名诗人罗雨峰在一篇文章中描写雷公山："四百里纵横，云锁雾吞，出头敢说众山惊。五岳移来休比峙，只负虚名。原始有森林，烟雨沉阴，长年障目不知青。反是冬来气候暖，顶上清明。"

雷公坪

雷公坪，苗语谐音为"方薅"或"报方薅"，意为云雾缭绕的地方。它位于雷公山主峰北部，距西江千户苗寨15千米，方祥乡政府所在地平祥村12千米，是海拔1850米的高山盆地，面积约26.6公顷。坪内四面高山环绕，古木参天，林木幽深，盆地溪水潺潺，海棠、杜鹃等奇花异草争芳吐艳，姹紫嫣红。

相传，西汉文帝时苗族先祖引虎飞三兄弟战败后，率族25户（近100人）南迁至雷公坪打猎谋生。引虎飞想当皇帝，组织民众修建皇宫，建立"展细国"。后来，人们从雷公坪中发现发掘的屋基瓦片器皿及农具残片，进一步佐证了那里确实有人居住，而且有数百户之多。

雷公坪曾是兵家常争之地。咸丰和同治年间，贵州苗民起义军首领张秀眉、杨大六战败后退守雷公坪，先后修建了练兵场、点将台等。在雷公坪遗址上，当年的点将台、关隘、哨所、花街、瓦砾、陶具、铁器、屋基、古墓、石碑等遗址尚存。1985年8月，雷公坪咸同起义遗址被列入第二批贵州省省级文物保护单位。

雷公坪内常年生长有泥炭藓，泥炭藓是苔藓植物中比较特别的一种，在自然界中具有不可替代的生态功能。其生长环境多为沼泽地，它的神奇之处在于它可以吸收比自身重量多15～25倍的水，是植物中的"水库"。所以，在雷公坪下的白水河常年清澈见底，静静地穿过西江千户苗寨，这均得益于大雷公坪、小雷公坪这个"天然大水库"的滋养。泥炭藓还可以开疆扩土，如果在一块荒地上种上泥炭藓，那么几年以后，这块荒地就有可能变成一片肥沃的土地。

雷公坪气候凉爽，四季如春，冬无严寒，夏无酷暑。身置此地，犹如世外桃源，是人们开展历史文化考察、动植物科考的理想之地。

雷公坪一角

格头秃杉

秃杉，又称台湾杉，是一种大型杉科台湾杉属植物，为我国特有种。秃杉为第三纪古热带植物区系的孑遗植物，属国家二级保护野生植物，有林中"活化石"之称。

在雷公山保护区的雷山县方祥乡格头村有棵秃杉高45米，胸径达218厘米，胸径足够8个成年人合抱。因这棵秃杉是雷公山保护区胸径最大的秃杉，被人们誉为"千年秃杉""秃杉王"。格头村也因秃杉集群量多而被誉为"中国秃杉之乡"。

格头村是雷公山保护区内秃杉保存得最好的村寨。村寨周边随处可见秃杉及秃杉林，胸径100厘米左右的古老秃杉比比皆是。

格头苗族群众崇拜秃杉、爱护秃杉，视秃杉为自己的老人、兄弟、姐妹，与之和睦相处，互相爱护，并从思想感情升华到具体的行动上加强对秃杉的保护。在保护秃杉上，格头群众不仅有口头协定，还通过榔规形式立碑保护："不准任何人、任何时候找借口砍伐秃杉；起房子、装房子、打家具不准用秃杉；秃杉是集体的、是国家的，不准私人占有；秃杉枯死，也仍然留在山上，不准任何人去砍来用。"

在格头群众心目中，保护和爱护秃杉像保护和爱护自己的亲人一样。格头苗族群众用朴素的自然理念教育子孙后代保护秃杉。如今，千年秃杉已成游客到格头必不可少的"打卡点"，秃杉也成为格头村发展生态旅游的一张名片。

禿杉王

交腊银杏

位于雷公山主峰南面的交腊村约1千米的深山中，有一株足以让6个成年人才能合抱的"千年银杏"。这棵千年银杏，高大挺拔，树干粗壮，枝叶繁茂，树身周围被大大小小银杏树环绕，被当地村民当作"儿孙满堂"的吉祥树而前来祭拜。

银杏，是国家一级保护野生植物，为银杏科银杏属落叶乔木。银杏是第四纪冰川遗留的孑遗植物，和它同纲的其他植物皆已灭绝，因而银杏又有"活化石"的美称。

银杏树体高大，伟岸挺拔，端庄美观，四季分明。春暖花开，银杏树细叶嫩绿，树叶玲珑奇特；夏天，一片片绿叶如打开的折扇，清风徐来，给人以凉爽之感；秋天，深绿色的叶丝中露出点点橙黄，树上硕果点缀其中，尤其到了深秋，银杏树下满地金黄；冬季，树丫坚挺，仍不失蓬勃向上的朝气。银杏集叶形美、树形美于一身，以其庄重、雄伟、古雅、秀丽的独特魅力，在城乡园林绿化中越来越受到人们的青睐。

银杏树的叶、果还有很高的药用价值。据相关资料介绍，银杏叶可用于心悸、怔忡、肺痨咳喘等病症，且还有使动脉、末梢血管、毛细血管中的血脂与胆固醇维持正常水平的奇特功效。银杏果，又名白果，有抑制癌细胞的功能，入药可化痰、止咳、利尿、补肺。常食用银杏果可以滋阴养颜、抗衰老，有帮助扩张微细管，促进血液循环，使人肌肤、面部红润、精神焕发等功效。

古银杏

昂英红豆杉

位于雷公山保护区内的剑河县太拥镇昂英村寨旁，有一株胸径达130厘米、树高26米、枝下高2米、冠幅12米×12米的南方红豆杉，常年枝繁叶茂，硕果累累，像一把绿色的巨伞在护佑着全村群众。

红豆杉，是红豆杉属植物的通称，为国家一级保护野生植物。据当地村民介绍，昂英村这棵南方红豆杉历史悠久，已有千年树龄。20世纪50年代"大炼钢"时，村寨附近很多大树都被砍光了，而当地群众却把这棵红豆杉当作神树加以保护，没有谁敢砍这棵红豆杉，因而红豆杉得以幸存下来。

红豆杉王

雷公山巴东栎

在雷公山主峰半腰海拔1830米路边，有一棵地径达182.5厘米、胸径足以让6个成年人合抱的巴东栎。它树高25米，冠幅30米×25米，占地面积750平方米；离地面1.3米以下分出径粗60厘米以上的4株，树干2米以上又形成7个分枝，一年四季常绿，枝繁叶茂。这棵巴东栎6月换叶开花，12月才结果。据专家考证，这棵巴东栎是地球同纬度树龄最长、胸径最大、冠幅最广的一株巴东栎，被誉为"千年古树"。

巴东栎是壳斗科栎属植物，树皮灰褐色、条状开裂，为常绿或半常绿乔木。相传，原来雷公山上的这棵巴东栎是在黄羊山顶上，只因冷王是从栎树上去把太阳和月亮挂在天上，雷公担心将来人间又有人嫌太阳和月亮少了，再去造出新的太阳和月亮来，于是让冷王把太阳和月亮固定好，使天穹不再炎热也不寒凉。可是，在风雨交加之时，经常出现雷电劈栎树。为了避免伤害神树，洛公只好将栎树从山顶移出，安植在黄羊山西簏坡坪地。不知过了去多少年，也不知经历了多少代，至今山顶上还遗留有树窝挪动后留下的痕迹。

雷公山这棵巴东栎被当地群众视为神树来祭拜，吸引大量游客前来祈福求愿。其树干上挂满了红色的丝带，像一个胜利归来的王者，在接受人们的顶礼膜拜。如今，千年巴东栎已经成为雷公山保护区必游的景点之一。

雷公山千年古树 "巴东栎"

高岩大峡谷

高岩大峡谷位于雷公山主峰南面的雷山县大塘镇高岩、交腊两村间，全长约5千米，也称"十里峡谷"。

进入高岩村寨脚南晓入口处，沿岸岩壁夹峙，形成长约500米的"一线天"。站在河底，抬头仰望，白云从"一线天"中悠然而过，使人感到悬崖欲倒、临危难逃。从"一线天"溯流而上，经三蹬岩、平顶山、龙泉大瀑布、老鹰岩、姊妹岩到滚牛瀑布，河底两侧山峰好像刀削似的，鬼斧神工，让人心惊胆战，两腿发软。一棵棵奇特的树从一尊尊巨石岩缝中生长，曲枝盘旋，宛如游蛇，令人惊叹植物生命力的坚韧。峡谷里的一道道瀑布，从高山喷薄而出，瀑声震天，浪花滚石，极为壮观。全长5千米的高岩大峡谷蜿蜒曲折，犹如巨龙深卧在大山的原始林中，其山之峻、峰之秀、岩之奇、谷之幽、瀑之壮、滩之深、水之清、林之茂、花之繁，让人流连忘返。

高岩大峡谷河水清凉甘甜，清澈见底，是从雷公山保护区莽莽林海中流下来的"琼浆玉液"。2013年，雷山县在高岩河下游修建了一座中型水库——鸡鸠水库，成为巴拉河穿过的雷山、凯里两个县（市）的城市用水及沿岸居民生产生活用水的重要优质水源。

高岩大峡谷

提香七里冲

七里冲位于雷公山主峰东麓，属于雷山县方祥乡提香村境内。这里山高谷深，悬崖峭壁，原始森林遮天蔽日，水清石奇，山涧流瀑，恍若仙境。因为狭谷长达7千米，故名"七里冲"。

从七里冲的山口顺流而下，但见溪涧清澈见底，冰凉刺骨。两山夹峙，古树参天，枯藤缠绕，箭竹郁郁葱葱，漫山遍野。鸟儿在林间追逐嬉戏，叫声不绝于耳。一簇簇、一团团山花争妍斗艳，山风徐来，馨香袭人。阳光从树梢枝叶的隙缝透射在地上，斑斓绚丽。

沿溪而下约1千米处，便是一道瀑布，瀑高有20余米、宽约10米。光滑的石板平铺瀑顶，俯视飞瀑直下，但闻其声，未见其底。瀑雨飘飞，如烟如雾，顿觉丝丝凉意。下至瀑底，见有一深潭，深不见底，碧波粼粼。抬头仰视，银河由天而降，激起万浪千珠，声震山谷。

从第一级瀑布往下走约2千米，又是"一洞天"瀑布，瀑高约50米，两级相叠，中间有一直径约1米的圆形石孔。水从第一级瀑布直击石孔，然后飞喷而下，犹如玉龙吐珠，直泻深潭。阳光照射，彩虹横空，秀丽非凡。

"聚龙潭"瀑布是七里冲下游最为壮观的瀑布群。这个瀑布群由上、中、下三个潭组成，溪水从10余米处飞流而下，形成第一级高瀑，然后又顺崖直泻10余米入中潭形成第二级高瀑，最后从4米高的山崖飞泻下潭。三级飞瀑似

七里冲原始林

银练飞泻，远观好像白龙从天而降，近看犹如万马奔腾。身临其境，雨雾蒸腾掩山漫谷，壮观极了。

毛坪姊妹岩

在雷公山保护区毛坪至小丹江2千米处，公路边有两尊石柱，两石相隔28米，遥遥相望，不离不弃。大的一尊高12.1米，呈圆锥形，地围49米，身上长一株国家二级保护野生植物马尾树；稍小的一尊高8.3米，呈长方体形，地围37米，身上长一株大果花楸。石柱身上还长满了青苔、草丛、藤条和其他灌木。远远看去，这些弯弯曲曲的树木、草丛、藤蔓，犹如少女的秀发从头顶垂到腰间。

相传在很久以前，有两姊妹，大的十来岁，小的七八岁。因连年灾荒，父母饿死，两姊妹无依无靠，不得已外出乞讨度

毛坪姊妹岩

日。两姊妹在路上走着走着，饿坏了，想在路边找点儿水喝，可是找不到水源。这时，两姊妹已精疲力尽，不得已在路边小憩，谁知这一坐两姊妹再也起不来了。就这样，两姊妹在饥饿中相拥在一起死去了。有人路过，觉得可怜，就把她俩葬了。后来，在埋下两姊妹的地方，慢慢地长出两块巨石。为了怀念两姊妹，人们就把两尊巨石称为"姊妹岩"。

西江千户苗寨

西江苗寨位于雷公山下的雷山县东北部，距县城25千米，距黔东南州首府凯里35千米，由平寨、东引、也通、羊排、也东、南贵、也薅、欧嘎等8个自然寨组成，现有1400多户、6000多人，苗族占99.5%，因而被人们称为"西江千户苗寨"。

西江千户苗寨先后获得一系列殊荣：1922年，西江苗寨被贵州省人民政府列为贵州东线民族风情旅游景点；1992年，西江千户苗寨被列为贵州省省级文物保护单位；2005年，西江千户苗

西江千户苗寨

苗寨吊脚楼被列入《第一批国家级非物质文化遗产名录》；2020年11月，西江千户苗寨被评为国家AAAA级景区。

西江千户苗寨的房屋全部以木质的吊脚楼为主，为穿斗分式歇山顶结构，是典型的杆栏式建筑。这些房屋傍山而建，鳞次栉比，次第升高，别具特色，被专家誉为山区建筑的一枝奇葩。吊脚木楼分平地吊脚楼和斜坡吊脚楼两大类，最大的3层8柱5间，一般除3间5柱正房外，在右侧或左侧搭一个厢房。房子第1层存放生产工具、圈养畜禽、储存肥料；第2层住人，分客厅、寝室、堂屋、取暖间、厨房；第3层储存粮食、饲料、瓜豆等生活资料，也有用作儿女卧室的。厅前外廊有长条靠背木椅供平时乘凉或会客，窗棂雕刻各种花草图案或镂空，屋前或屋后竖晾禾架或建谷仓。房与户之间有小青石铺砌的小道连接，清洁而卫生。

西江千户苗寨的苗族姑娘心灵手巧，无论刺绣、挑花、绉绣、平绣、剪纸等工艺无不娴熟。苗族姑娘讲究穿着打扮，她们的服饰分为便装和盛装。特别是在苗族节日，数百名姑娘一起歌舞，银光争辉，银铃作响，神采飞扬。这些苗族姑娘穿着苗族盛装，全身银饰，其图案花鸟虫蝶、鱼虾禽蛙，无不栩栩如生，巧夺天工。

西江千户苗寨被誉为"芦笙的故乡""歌舞的海洋"。这里有苗族古歌、苗族情歌、苗族飞歌"三大歌"。他们人人能歌善舞，男女皆能吹笙击鼓，特别是遇到鼓藏节、苗年节、吃新节等苗族重大节日，芦笙吹起、铜鼓敲响，老少齐上，男女同舞，盛况空前。

西江千户苗寨的苗族群众饮食以酸、辣、甜味食品为主，尤喜酸和辣。他们家家备有酸菜、糟辣、酸笋、酸蕨、酸番茄等菜肴。过年过节，以香肠、冻鱼、米酒等美食待客。尤其是他们用鲤鱼掺酸汤煮的"酸汤鱼"，以青辣椒、鱼肉捣烂拌和的"辣子鱼"，更是一大特色美食。

如今，西江千户苗寨已经成为贵州炙手可热的旅游景区。夜幕降临，登上也薅的观景台，纵目远眺：鳞次栉比的木楼，依山顺势直连云天，千家灯火犹如满天星星，让人不知天上人间。正如著名学者余秋雨说的"西江，以美丽回答一切"。

02

雷公山的奇观

雷公山区山岭相连，雄奇险峻，常年云雾缭绕，森林遮天蔽日。大自然的造化，使这里有着很多神奇的景观和厚重的文化。天泉、佛光、天书就是在雷公山保护区内的"三绝"。

雷公山天泉

在雷公山之巅，有口水井，箩筐般大小，终年有水，水深过膝，雨天不满，久旱不涸，堪称"雷公山天泉"。

据民间传说，咸丰年间，贵州苗族起义军首领张秀眉在雷公山顶被清军围困。在义军弹尽粮绝之时，张秀眉的战马一声嘶吼，双脚腾空。马蹄所落之处，有股清泉突往上冒。真是天无绝人之路，义军欢呼雀跃，双手掬水而饮。有水饮后，义军士气倍增，奋勇杀敌……大自然的佳作，成就了雷公山一绝。

山有多高，水有多高。雷公山天泉主要是雷公山茂密的植被、年降雨量高、大气降水、常年云雾多、空气湿度大、大地本身具有的"毛细血管"作用等综合作用形成的这一奇特现象。

雷公山天泉

雷公山佛光

　　佛光，可谓雷公山的一大奇观。其实，这是一种特殊的自然物理现象，叫作"日晕"。

　　在雷公山区，由于终年多雾，一年中有雾达300余天。即便是炎热的夏天，月均温度也仅为15.8摄氏度，这是因地属中亚热带季风湿润气候区，加上雷公山山体高大，带来垂直方向上气候差异巨大的结果。因此，在雷公山区，遇上好天气，尽管在山顶上、路途中或田间劳作，几乎都能看到"佛光"的出现。佛光是光的自然现象，是阳光照在云雾表面所起的衍射和漫反射作用形成的。夏季和初冬的午后，摄身岩

雷公山佛光

下云层中突然幻化出一个红、橙、黄、绿、青、蓝、紫的七色光环，中央虚明如镜。观者背向偏西的阳光，有时会发现光环中显现出自己的身影，举手投足，影皆随形，奇者，即便是成千上万人同时、同址观看，观者也只能看到自己的影子，不见旁人。

雷公山天书

20世纪80年代初，有专家在雷公山主峰北侧雷公坪上发现了一块残缺的青石碑。碑高2米、宽1.5米、厚0.2米，疑是刻有苗文或汉文的28个神秘文字。文字雕刻得古朴遒劲，用笔操刀有汉魏的风骨，文字与汉字有着"亲缘"关系，但碑上的文字究竟是什么字、什么内容、写于什么时候以及什么人写的，至今无人考证。

民间有几种说法：一种说法是西汉文帝期间，苗族先民向西南迁徙，经过榕江到达雷公山，定居牛皮箐，雕刻这个石碑来祭天；另一种说法是在清咸同年间，张秀眉、杨大六率领苗族民众反清抗暴屯兵雷公坪，在此期间还修建点将台、城门、炮台等设施，因此刻下这块碑以示纪念。

目前，这块神秘的石碑收藏在西江苗族博物馆。曾有众多专家学者慕名前往考证，却无一破解其内容。这块碑仍是个谜团，成了雷公山神秘的"天书"。

雷公山天书

03

雷公山的水体

　　水体，水的集合体，是地表水圈的重要组成部分，是以相对稳定的陆地为边界的天然水域，既包括江、河、湖、海、冰川、积雪、水库、池塘等，也包括地下水和大气中的水汽。

　　雷公山保护区地处云贵高原湘、桂丘陵盆地过渡的斜坡地带，最高海拔2178.8米，最低处650米，海拔高差1500多米。区内属中亚热带季风湿润气候，气候温和，雨量充沛，生物资源丰富，森林覆盖率达92.34%。雷公山地质结构独特，水文地质条件复杂，大气降水、地表水以及地下水循环交替环境较和谐，水资源极为丰富，形成了一座巨大的天然调节水库，构成了雷公山区多条河流、瀑布、峡谷、高山湿地等。

　　雷公山是清水江、都柳江极为明显的分水岭，又是清水江、都柳江两江流域水量补充和调节的源泉。

　　雷公山保护区内的乌东河、响水岩河、高岩河、三湾河、开屯河、桥歪河、毛坪河、交包河、格头河、巫密河、白水河、乌尧河等12条河流长度大于8千米，其中，最长的巫密河有22.5千米，次之的毛坪河有18.8千米。雷公山是清水江、都柳江的分水岭，境内的三湾河、开屯河流向都柳江，最后并入珠江。其余10条河流向清水江，之后流向长江。由于雷公山保护区地势陡峻，海拔高差大，因而水力资源极为丰富，全区水能蕴藏量在10221千瓦以上。

巴拉河

巴拉河，苗语谐音为"欧别勒"，也就是雷公山河之意。其源头主要来自雷公山保护区内的乌东河、响水岩河、交腊河、白水河、乌尧河5条较大的支流。一是响水岩河。响水岩河在保护区内全长11.3千米，河源海拔1600米，河流落差773米，坡降68.41‰。沿河两岸森林密布，古树参天，溪水潺潺，雷山髭蟾、大鲵、尖吻蝮、竹叶青等野生动物穿梭林间。河流末段，有雷公山著名的响水岩瀑布，水力资源十分丰富，自然风光绮丽，是自然教育、观光旅游的最佳地段。二是乌东河。乌东河在保护区内全长9千米，河源海拔1500米，河流落差670米，坡降74.44‰。乌东河、响水岩河在保护区边界干力苗寨边交汇，然后流向巴拉河。目前，雷山县已在下游新建羊苟水库，主要作为雷山县城及周边苗寨的饮用水源。三是交腊河。交腊河在保护区内全长14千米，河源海拔1600米，河流落差706米，坡降50.43‰。沿途有著名的高岩大峡谷，峡谷两岸悬崖峭壁，石峰石柱，直耸云天。同时，还有龙泉瀑布、老鹰岩瀑布、冷水滩瀑布等这

巴拉河边的苗寨

些瀑布，飞瀑流泉，声如洪钟，气势磅礴，蔚为壮观。2013年，雷山县已在下游修建鸡鸠水库，作为雷山县城及凯里市的城市饮用水源。四是白水河。白水河发源于雷公山保护区内的大雷公坪、小雷公坪，流经闻名中外的西江千户苗寨，而后流入凯里市三棵树镇挂丁苗寨并入清水江，全长超10千米。目前，雷山县已在西江苗寨右前方1千米处修建了西江水库，作为西江千户苗寨的饮用水源。五是乌尧河。乌尧河发源于保护区内的雷山县西江镇脚尧村，长约10千米。目前，雷山县已在乌尧河上游修建中型水库，为西江千户苗寨营上服务区及沿途村提供饮用水源。

巴拉河从雷公山保护区潺潺而流，沿河两岸绿树如荫，吊脚木楼掩映其间，因而巴拉河是一条多彩的河、一条梦幻般的河。确实，这一线有遐迩闻名的高岩苗寨、掌坳苗寨、固鲁苗寨、郎德苗寨、季刀苗寨、南花苗寨等苗族传统村落。在这里，人们可以领略到苗族上千年历史迁徙的艰辛业绩，触摸到苗族始祖蚩尤文化的脉搏，品味到原汁原味的苗族风情，沉醉于原生的自然风光和原味的苗族文化之中。

响水岩瀑布

响水岩瀑布位于雷公山主峰西南面、海拔1200米的响水岩河中段，距雷山县城13千米，为雷公山保护区最典型、最壮观的瀑布。

响水岩瀑布分为四级，每级瀑布从两山岩石夹缝中喷涌

响水岩瀑布

而出。高瀑下坠，银练飘飞，水花四溅，如珠如玉；似天空飘细雨，如梦如幻。每级瀑布错落飞泻，水溅谷鸣，声响数里，气势磅礴，响水岩因此得名。

响水岩第一级瀑布高约30米，从狭窄如缝的沟壑中喷射而出，其势凌厉，汹涌澎湃。第二级从第一级瀑布坠入的深潭中飞出，犹如下凡的仙女纺纱，飘逸洒脱。第三级瀑布最为壮观，高50米、宽15米，瀑如帘帷，飞沫腾空，如烟似雾，坠地有声；适逢阳光斜照，彩虹横贯，如临仙境。第四级瀑布经过第三级陡然腾空飞跃，水汽飘散，白浪滚滚，浪击深潭，碧波荡漾，蔚为壮观。

雷公山响水岩植被

知识问答

神秘的
雷公山

自然观察笔记

苗族姑妈回娘家

第四篇
多彩的雷公山

雷公山区独特的地理环境与神奇的自然生态，孕育了独特、厚重、灿烂的民族文化。由于篇幅所限，在此仅介绍雷公山区的苗族文化。

雷公山区苗族的节日、服饰、工艺、建筑、饮食、祭祀、民俗等内涵丰富，共同组成了多姿多彩的苗族文化。苗族文化都与自然生态环境密不可分，彰显了人与自然和谐相处的智慧。苗族文化充分体现了苗族崇拜自然、敬畏自然的朴素思想，反映了苗族尊重自然、爱护自然、感恩自然的理念。

西江千户苗寨

01

苗族节日文化

在雷公山保护区内的苗族村寨，有鼓藏节、苗年、吃新节、爬坡节等一系列民族节日，素有"小节天天有，大节三六九"之说。在这些丰富多彩的节日中，最隆重的要数鼓藏节、苗年、吃新节"三大节"了。

鼓藏节

鼓藏节是雷公山区苗族最古老的节日，也是世界上间隔时间最长的节日。

鼓藏节又叫祭鼓节，俗称吃鼓藏，一般间隔13年才过一次。鼓藏节是苗族属一鼓（一个支系）的支族祭祀本支族列祖列宗、神灵的大典，是苗族先祖为祈求安康乐业、风调雨顺的节日。

鼓藏节时，苗族群众一定要邀自家的至亲好友来过节。客人应邀而去，必须抬糯米饭一筐、雄鸭一只、鲤鱼一串（5条、7条、9条，奇数）及一定数量鞭炮。客到寨边，便开始燃放鞭炮，意在给主人报信。当晚，主客先吃客人带来的鸭、鱼、糯米等礼物。

走亲访友

鼓藏节旧时是杀牛祭祖，因牛为人们犁田的主要力量，现苗寨改以猪代之。要祭祖的猪是有所选择的，其标准是阉割后养肥的公猪，体形与蹄爪不能畸形，猪毛顺披不能有旋涡。

进客的次日清晨四五点，由鼓藏头家先杀猪，全寨农户方可杀猪。开始杀猪即说鼓藏语，如杀猪叫作"哐官人"；猪死后先用稻草盖，叫作"盖被子"；用盖的稻草烧猪毛，叫作"照太阳"；而杀猪时，一般由舅舅先动刀，其他客人才动手。

煮猪肉祭祖，要把带乳头的猪胸部肉割下来煮。煮熟后，主人家切成拳头大的若干坨肉，俗称鼓藏肉。主人烧香、烧纸，把猪肉、猪肝、鱼、糯米饭供于祖宗灵前，然后祷告祖宗、神灵常佑护大人、小孩无疾病，苗寨六畜兴旺、五谷丰登，亲友年年岁岁、平安健康。祷毕，主人便捏糯米饭、抓坨坨肉分送大家吃。这些坨坨肉叫"仓门肉"，吃时不放盐巴，不加佐料，吃多少自便，但不能乱丢、乱扔。进食时，主客必须说鼓藏语，如吃饱叫"仓满"等，其意旨在吉利。

节日那天午餐过后，客人就要返家。客人离开时，主人需以猪腿一条、一筐糯米饭回赠。如果是姑爷、舅爹，一定要送带有尾巴的猪腿表示至尊。

鼓藏节期间，苗寨还要举办以跳铜鼓芦笙为主的一系列活动。一般活动持续5~9天，均为单数。其活动由"鼓藏

雷山苗族鼓藏节

头"牵头，组织节日相关的活动。

在雷公山保护区内的雷山县，其鼓藏节已被列入《第一批国家级非物质文化遗产代表性名录》。

苗　年

苗年，是雷公山区苗族村寨一年一度最隆重的传统节日。

苗年选在卯日，即农历十月上旬的卯日。苗年，既是祭祀先祖的活动，也是苗族人民开展庆贺丰收、亲朋走访、歌舞表演等活动的重要节日。

年粑

在苗族群众的心中，苗年占据着极其重要的地位。每逢苗年，不管远在他乡，苗族男女都要在卯日前返乡与家人团聚，共度天伦之乐。同时，还邀约远嫁他乡的姑娘及亲朋好友齐聚苗乡，共叙情谊，整个节日充满了尊老爱幼、父慈子孝、团结和睦的温馨氛围。

苗年年饭丰盛，讲究"七色皆备""五味俱全"。过年当天，各家各户都要宰猪杀鸡、捕来田鱼、打糯米粑、端上米酒，三亲四戚共同庆贺佳节。

次日即辰日，辰日是苗族大年的初一。这天，天蒙蒙亮，苗族妇女便挑着水桶到寨边的水井抬新水，预示一年家里顺风顺水、发财致富、吉祥如意。苗族男子则带上剪好的纸人、祭品，领着小孩到自家牛圈祭牛、到果树下祭树，祈求来年风调雨顺、五谷丰登、六畜兴旺。

苗年的第三天，村村寨寨少不了要跳芦笙舞、铜鼓舞、木鼓舞"三大舞"。活动期间，亲朋好友闻声而来，人山人海、热闹非凡。随着时代的发展，很多村寨在此期间还举办斗牛、斗鸡、篮球赛、苗歌比赛等一系列赛事。这样的活动，直至第七天或第十二天结束。如今，雷山苗年已被列入《第二批国家级非物质文化遗产名录》；而苗年活动，则被评为"中国最具特色民族节庆"。

杀年猪

吃新节

吃新节是雷公山地区苗族的传统节日。

吃新节，寓意为吃新的米。吃新节有大小节之分，小节是水稻孕穗了的六月上弦月的卯日吃，大节是稻子已经成熟颗粒饱满了的九月上弦月的卯日吃。吃新节，一般小节从开秧门的日子计算，满50天即举行；有的村寨则在农历八月至九月上中旬的"卯日"过。

雷公山区苗族过吃新节来历有三：一是为纪念开发雷公山的苗族祖先；二是稻秧已孕穗、抽穗，预兆丰收，祈求保佑，体现了苗族人对自然的敬畏与尊重；三是大忙季节

吃新节

吃新节上祈丰收

已过，趁农事稍闲时，亲朋好友相互走访，交流农事，增进感情。

吃新节的小节，苗族在进食前必须从自家的稻田中扯来7~9个秧苞（孕穗），剥开后放在糯米饭上，先祭祀"花树""岩妈"，或祭"桥"以及祖宗神灵，祈祷秋来丰收和家人安康。到吃新节的大节时，村民早早来到田间，精心摘取颗粒饱满的稻穗，捆扎成稻束，把它们悬挂在农舍门厅的两旁，祭祀"花树""岩妈"，或祭"桥"以及祖宗神灵，之后全家人按照长幼辈分，依次入座就餐。

吃新节不只是为了庆贺丰收和祈福来年丰收，更重要的是吃新节还是苗族青年男女互对情歌、谈情说爱、寻找对象的"情人节"。

斗牛

02

苗族工艺文化

　　手工技艺是雷公山区苗族人民创造的灿烂文化之一。早在以狩猎为生及穴居的时代，苗族先祖就已在制造生产工具时注意到光洁、对称外形等方面，显示了苗族的美学观念。

　　苗族手工技艺博大精深，绚丽多彩。在建筑技艺方面，有吊脚楼、风雨桥、水上粮仓等；在服饰技艺方面，有银饰、刺绣、织绵、纺织、挑花等；在雕刻、制作等其他手工技艺方面，有芦笙、竹编、木梳等。在这里重点介绍吊脚楼、银饰、刺绣、靛染、芦笙5种苗族传统技艺。

吊脚木楼

　　吊脚木楼，可谓苗族智慧的结晶。

　　雷公山区苗族吊脚木楼结构讲究因地制宜，吊脚木楼分为平地吊脚楼、斜坡吊脚楼两种。吊脚木楼一般分为三层：底层用来存放生产工具和圈养家畜；第二层是全家人的活动中心，客厅、寝室、厨房、休憩基本上都集中在这一层；第三层一般用来存放谷物以及部分生产生活用品。斜坡吊脚楼

苗寨建新房

依山势挖上下两平地，下坎多用岩石依山砌保坎加固，在这种地基上建筑房屋，下层地基的柱脚上另柱延伸向外悬吊出来，以拓宽空间，地层往内缩使重心往里收，避免下层屋基崩塌。

吊脚木楼多为穿斗式木结构歇山顶，喜用小青瓦盖顶。一般为四榀三间，搭两偏厦或一偏厦，一榀有五柱四瓜，五柱之间有横梁穿枋而成一排柱架，各榀之间木枋衔接，枋梁交错，无一钉一卯，形成纵横交错的整体，牢固而美观。

苗族吊脚木楼有三个特点。一是有效利用土地。苗族吊脚楼依山就势而建，后部与山坡相接，前部木柱架空，底层进深较浅，楼面半虚半实，最大限度地有效保护和利用土

斜坡吊脚楼

斜坡吊脚楼建筑群

地，保持人与自然的和谐。二是符合气候特点。针对雷公山区雨量充沛，阴雨天气多，苗族群众依山而建，全部或半立于坡上，错落有致，鳞次栉比，有利于通风、透气、采光、排水、防潮，也有利于预防洪涝灾害。三是充分利用资源。雷公山属亚热带湿润季风气候，适宜于杉木等植物生长，为苗族建造木质吊脚楼提供了大量优质木材。自古以来，人们形成了"砍一种一"的生态理念，确保了建房用材的需要。

吊脚木楼是古代"干栏式建筑"文化的传承和创新。由于历史上苗族多次大迁徙的原因，河姆渡的部分文化包括"干栏式建筑"文化和技艺也随着苗族先辈西迁到了雷公山区。它凭借大山的屏障，使这一文化遗产极少受到外界的影响，至今保存相对完好。可以说，雷公山下星罗棋布的苗寨是研究中国古代建筑文明的"活化石"，也是中华民族建筑文明的一大财富。2006年，雷山苗族吊脚楼建造技艺被文化部列入《第一批国家级非物质文化遗产重点保护名录》。

银　饰

银饰是雷公山区苗族的手工艺品之一，是苗族服饰文化中不可或缺乏的饰品。如今，苗族银饰锻造技艺已被列为国家级非物质文化遗产传承代表项目之一，堪称我国文化艺术的瑰宝。

在雷公山区，苗族银饰加工均是手工制作。其打制工具主要包括火炉、风箱、坩埚（俗称"银锅"）、铁锤、铁钻、铁镫、冲具、刻刀、丝眼板、铜盆、钳子、镊子、油灯、吹管、纹样模具等15种。苗族银饰加工制作工序繁多，有铸炼、锤打、焊接、编结、洗涤等30多道工艺。先是铸炼，即将银料放在（坩埚）内，把坩埚放在炉子上，用木炭全部盖好，用风箱鼓风增高温度。银料全部熔化成液体后，倒入卡条状的糠槽内。待银料凝固，再取出趁热锤打。这个过程是先将热银锤打成四方形长条，若要制银片，则把它摊宽；若要制银丝便锤成细条，再用丝眼板拉丝。苗族银饰多由方条、圆条、张片、细丝组成。方条、圆条做工粗，工艺较为简单，多为锤打而成。张片制作较为精细，工艺要求也高，先将银条锤成大张薄片，然后按需要剪成小块，放在模

银饰

欢乐的苗年

苗族盛装

子内压成花纹轮廓，再贴在松脂板上錾刻成细致的花纹。银丝制作更为复杂，分粗细两种。苗族艺人掌握了熟练的抽丝技艺，他们用一个特制的丝眼板，板上有粗、细、方、圆不同的眼孔，可以拉出4毫米直径的粗丝，也可以拉出电光丝般的细丝。这种拉丝工艺可与闻名全国的成都拉丝工艺媲美。将各种组件合成的过程就是编结过程，编结时辅以焊结等工艺的使用，将不同的组件固定在一起成型。最后，将整件饰品放入特制的熔液中洗涤，去除污渍，或将一件件古旧银饰放在熔液中洗涤成光亮耀眼的饰品，这是最后一道工序。

雷公山区苗族银饰加工技术十分精细，造型别致，豪华气派，种类丰富，约有40种。根据着装使用部位，银饰大体可分为头饰、手饰、身饰、衣帽饰，其中，头饰有24种，手饰有11种，身饰有11种，衣帽饰有7种。此外，还有生活用银具，如银碗、银筷、银杯、银盘等。他们通过自己的精湛手艺，把日月星辰、花鸟虫鱼、飞禽走兽铸制在银饰中，特别是苗族崇拜的牛角、人类始祖蝴蝶妈妈等图腾，更是在苗族银饰图案中得到淋漓尽致的体现，让美好的事物永不消亡。

刺 绣

苗族刺绣是雷公山区苗族妇女的传统民间工艺。苗绣被列入《第一批国家级非物质文化遗产代表性名录》。

苗族刺绣种类繁多，有绉绣、辫绣、锁绣、马尾绣、绞绣、破丝绣、缩宝绣、平绣、贴绣、数纱绣、补绣、叠绣等。其中，双针锁绣、绉绣、辫绣、马尾绣、丝絮贴绣等技法特色更为突出。

苗族刺绣大多以花鸟虫蝶、山川河谷为题材，色泽鲜艳，图案精美，立体感强，既充分体现了苗族群众生产生活的自然环境，又反映了苗族历史、苗族文化以及苗族审美观。特别是苗族长裙，巧妙地将苗族五次大迁徙融入其中，被专家称为"穿在身上的史书"。

苗族刺绣用途广泛，多做衣裙、围裙、门帘、被面、枕头、帐帘等的装饰。特别是用刺绣制作的苗族盛装，光鲜艳丽，精美绝伦。艺术大家刘海粟评价苗族刺绣是"缕云裁月，苗女巧夺天工，苏绣、湘绣比之，难以免俗"。

苗族刺绣

靛 染

自古以来，雷公山区的苗族群众自种棉花、种植蓝靛（正名：木蓝。一种小灌木）、自己染布，过着男耕女织、自给自足的生活。由此而形成的靛染成了苗族群众的一门传统技艺。

雷公山区气候温暖湿润，适合于蓝靛的生长。自古以来，这里的苗族群众一直在种植蓝靛，并用蓝靛作为棉布的染料。靛染主要有两步。一是用蓝靛叶作为原料，用木桶浸泡6～9天，然后加入适量的石灰水，经过多次反复上下搅拌发酵，待沉淀后的靛料成浆状即可。二是在靛染时，将蓝靛浆溶于染缸，加上适量的烧酒，把自织的白布放入其中浸染十来次即成深蓝布料。若要蓝黑中带红，用红刺根煮出红水浸染一次。雷山、榕江一些地方的苗族短裙制作的亮布，在浸染好的基础上，还涂上动物血晒干，

苗族腊染

再涂上牛皮胶即可。

虽然现在市场上各种花色布料随处可见，但作为苗族民间传统工艺的靛染至今仍一代代传承。在人们追求"返璞归

真，回归自然"的今天，苗族传统的植物纤维、植物染色制作衣服显得意义深远。

芦　笙

芦笙是雷公山区苗族群众最喜爱的乐器之一，更是苗族文化的象征。

芦笙是由簧片、竹管、气斗、共鸣筒4个部分组成。其制作工艺如下。

簧片用响铜铸成（也有少数用黄铜），由工匠艺人将木炭在小火炉中把铜烧熔后，按大、小芦笙需要，轻轻打成厚薄、大小、长短不等的长形铜片，然后在铜片方框内凿通三面，呈一个等边梯形小簧舌，又多次烧红锤打，铸成平直且密封似的整块铜片，用刀片刮平、检查簧舌边缘是否空隙，防止漏气，当吹、吸气时，中间簧舌就上下抖动发出音响，音响的高低取决于簧舌片的长短与厚薄。

竹管也叫笙苗，一般用雷公山区所产的白竹、紫竹、苦竹制作。这些竹子的竹节长，竹中空大，竹壁厚薄适中且不易裂破。制作时，先将竹子洗净晒干，把竹节凿通至尖端，把底部堵严，在竹管下端适当位置割开一长方口，把铸成的簧舌片安放在竹口处，封实边缘，以防漏气。每根竹管要凿通一个眼，吹奏时能随音按眼。

气斗也叫笙柱，是用来装竹管簧片部分的。一般用雷公山区生产的杉木等木料做成。在制作时，工匠先把木柱下端至吹气口间挖空中心，后削成下端大、上端小的圆柱体，然后在下端适当位置按6音竹管从正面往斗脚斜度为75度至90度角分别挖凿对通6个眼子，把已安装好的簧片竹管插上气斗眼，调试音量、音节，能吹出6音，芦笙就制成了。

随着时代的发展，芦笙制作工艺传承人不断对芦笙制作工艺进行改良，现已在6管传统芦笙基础上，制作成15管、17管、18管、21管的芦笙，以适应吹奏现代歌曲的需要。如今，苗族芦笙制作技艺已列为国家非物质文化遗产。

芦笙制作

03

苗族饮食文化

两千多年前，苗族始祖经过五次大迁徙，从长江中下游地区辗迁到雷公山区居住。随着山区生活环境的改变，苗族群众养成嗜酸、喜辣、爱腌的饮食习惯，并形成了独树一帜的苗族特色饮食文化。

酸　菜

酸菜是雷公山区苗族群众家家户户必备的家常菜。一般酸菜用青菜、韭菜、蕨菜等蔬菜进行制作，用不同的菜类制成不同的酸菜，其风味也各不相同。如用青菜做成的酸菜，其工艺为在农历二三月青菜抽薹时将整株割下，先在河里用手搓洗干净，使其脱去苦汁，然后在太阳下晾到七分干，再切成细丝，将其装入瓷坛；坛盘灌上水（必须保持有水），盖上盖，密封起来，一个月后即可食用。酸菜可作为上山野外劳作或游玩时下饭用，也可作为制作酸汤、炒（或煮）制各种菜品的佐料。

酸 汤

酸汤是雷公山区苗族群众制作的一种调味品，也是苗族群众喜爱的美食材料之一。

苗族制作的酸汤有多种，这里只讲清酸汤的制作方法：煮米饭时多放些水，将刚烧开的米汤倒入预先准备且用清水洗净的瓷缸或坛子里，有时可放几粒嫩苞谷，也可放入适量木姜子以提味增鲜，加盖密封。经两三天发酵而成鲜美、酸甜、纯正的酸汤。取用后，又可随时掺入米汤或淘米水，周而复始循环使用。

俗话说：三天不吃酸，走路打弯弯。在雷公山区的苗族村寨里，几乎家家户户都备有酸汤。特别在夏天喝上一碗酸汤不仅能解渴消热，还能消暑提神。而用酸汤作为底料煮成的酸汤鱼、酸汤牛肉、酸汤羊肉、酸汤猪脚等一系列酸汤菜品，既开胃爽口、有助于消化，又不油腻、可增加食欲，已经成为黔东南州苗族的一道美食。

苗王鱼

苗王鱼是闻名全国的一道苗族传统名菜，俗称"鱼掇辣子"（掇，苗语为搅拌的意思）。这道苗族特色菜制作过程：用白菜、青菜、广菜、竹笋、豇豆等鲜菜中之一二放入清水中，等水煮开后抓一把适量的酸菜放进去与菜一起煮；

苗王鱼

之后，把活鲤鱼去除苦胆，放入菜锅中煮至鱼熟透；把鱼捞出置于盘中或大碗中，等稍微冷却一些，用筷子剔去骨刺，适度搅烂鱼肉，拌上烧熟捣烂的青辣椒或干辣椒面拌匀，加配适量盐、葱花、蒜泥等调料，即制成苗王鱼。这是苗家人用以款待客人的上等佳肴。许多远方的客人尤其是国外的友人吃了这道苗王鱼后，十分感慨地说："到苗寨不吃苗王鱼，犹如到北京不吃北京烤鸭一样，会终生遗憾！"

苗族盦汤

盦汤，读"ān"，是雷公山区苗族群众喜爱的一道美食。

闻起来臭，吃起来香，这是盦汤的显著特点。

在雷公山下的苗族群众，基本做到家家有盦汤、人人吃盦汤的习俗与习惯。储存数百年的苗家盦汤，具有腌酸、臭香之味，常年储存，四季食用，可浸泡蔬菜、炖煮鱼肉，既激发食欲、增加食量，又帮助消化、减少脂肪，是美容、保健不用药攻之佳肴。

要想自酿盦汤，非要得到原汤做"引子"不可。原汤引子具体的制作方法：用500克左右的新糯玉米粒磕成酱；用新采的蕨菜500克、豇豆500克、青菜250克洗干净，晒软晒蔫，切成3厘米左右长；取500克糯米炒好，使之具有香气。用一个盆装好，和着木姜花或木姜子，500克玉米酒使劲揉，使之完全融合在一起，然后存放在坛子里，一般为1个月左右。这期间，每天要不断地给坛子里倒少量新鲜的米汤水，进行发酵。发酵出来的这个盦汤，称为"盦汤老母"，也称为"盦汤母子"。这个"盦汤老母"一旦制作成功，将永远存放于坛内，时间越长越好。今后制作盦汤，只要从"盦汤老母"里舀一小瓢作为"引子"即可。

有了原汤"引子"，就可以做更多的盦汤。先将青菜放蔫、洗净、拧干后，用石块压在预备的坛子底部，再把"引子"倒入坛内，盖上坛盖，注入坛沿水，密封一段时间后，加上米汤直至盦汤呈淡黄色。为保持它的味浓鲜美，必须经常取而食之，并每隔几日要将清淡的米汤或舂粑磨粉的汤料加进去。同时，经常加一些木姜花或木姜子，放少许炒香的糯米，以助其香味。平时要将鲜豇豆、鲜辣椒、鲜黄瓜、鲜茄子、鲜蕨菜、鲜青菜等新鲜蔬菜放入盦汤坛中，切忌放入带油的物品及肉。20多天后，即可取而食之。需要注意的是，食用时要注意，只将坛子里的汤水舀出来，不可将之前放入坛子的青菜等蔬菜和炒香的糯米也舀出来。每次食用，需往坛子里补水，补10~15天才可以食用。总之，盦汤年限越长越好吃，越经常食用越好吃。

盦汤之所以受到雷公山苗族人民的喜爱，是因为它具有三方面的神奇功能。一是盦汤味道独特可口。盦汤既有腌酸味，又有臭香味，令人食后倍感香醇鲜美，回味无穷。二是盦汤具有美容保健功能。夏天喝它能解暑，冬季吃它能祛寒，疲劳时喝它可提神，食荤后喝它可解腻，醉酒后喝它能醒酒，经常喝它能开胃健脾。三是盦汤兼有药用价值。长期食用盦汤，能消肿解毒，预防和治疗感冒、腹泻、胃痛、肠炎等多种疾病，具有一定的食疗药理功效。

森林蔬菜

雷公山保护区生物资源极为丰富。在这些生物中，有很多可食用的森林蔬菜。当地苗族群众经常食用的主要有八月笋、折耳根、蕨菜、刺脑苞、薇菜、水芹菜、椿芽、菌子、木姜子、山药等。这些森林蔬菜纯天然、无污染、无公害，素有"山中珍品""野菜之王"的美称。在这里，重点介绍以下几种。

竹笋。雷公山保护区的竹笋资源丰富，主要有狭叶方竹、雷山方竹两种。狭叶方竹，俗称"八月笋"，因产于农历八月而得名。八月笋外壳为黄褐色。雷山方竹，俗称"甜笋"，目前仅在雷公山部分区域发现有分布，为雷公山特有竹种。甜笋外壳为黑褐色，比八月笋出笋期晚20～30天。八月笋皮薄肉厚、味道鲜美；而甜笋稍有甜味，味道比八月笋更加鲜美可口，是雷公山区竹笋中的上品。新鲜竹笋去壳后清洗干净，直接装袋放入冰箱冷冻保鲜储存，也可去壳后清洗干净晾干保存。竹笋的食用方法很多，可去壳后清洗干净放入锅中煮熟捞出，用木棒轻打成扁担状，切成节做笋子炒肉；也可用于与其他蔬菜煮酸汤菜；还可焯水后再放入适量的盐和白酒混匀，最后放入容器中压实，腌制一周左右可取出拌上酱油、味精等调料即可食用。

折耳根。折耳根又叫鱼腥草。折耳根既可当蔬菜食用，又具有清热解毒、消痈排脓、利尿通淋、消炎抗病毒等功效，是一种食药同源的多年生草本植物。折耳根的食用方法三种。一是凉拌生吃。将折耳根洗净切成节，用适量糟辣椒或辣椒面拌匀即可食用。这种方法，清香爽口，回味无穷。二是与肉同炒。将肉炒到七成熟后，放入洗净切成节的折耳根一同炒熟后即可食用，其味芳香，滋味鲜美。三是用作佐料。将折耳根洗净后，切成细节，用作辣蘸水佐料。

蕨菜。蕨菜是蕨类植物中的一种，又称"龙爪菜"。蕨菜纤维多，能帮助消化，是雷公山区苗族群众喜欢食用的一种森林蔬菜。新鲜的蕨菜可用干椒炝炒猪肉或腊肉，也可与其他蔬菜放入清水煮成汤菜；可将蕨菜煮熟捞起晾干后，制成干品与肉同炒或单独炒吃，也可将鲜蕨煮熟捞起滤干，放入坛中腌，一定时日后取出直接食用或炒吃。同时，蕨菜根挖出后，经过清洗、捣烂、过滤、沉淀等工序后形成的蕨根粉，用微火烙成蕨粑，用来炒吃或与肉同炒，也是雷公山区苗族群众喜欢的传统美食。

刺脑苞。刺脑苞又名楤木、树头菜、刺苞菜，属五加科楤木属多年生乔木，在雷公山区均有分布，特别喜欢生长在新开的黄壤土上。每年3月，是刺脑苞生长的季节。苗族群众从山上采来嫩刺脑苞，清洗干净后，用滚开的水焯掉苦味，让其半熟备用。刺脑苞食用方法很多，可用于下火锅食用，也可用干椒炒刺脑苞来吃；可凉拌食用，也可腊肉炒刺脑苞。刺脑苞入口微苦，回味甘甜，口感极佳。

森林佐料

在雷公山区，除有种类繁多的森林

大叶臭花椒

蔬菜外，还有木姜子、大叶臭花椒（鱼花椒）、薄荷等味美芳香的森林佐料。而木姜子、大叶臭花椒，则是这些森林香料中的上品。

木姜子。木姜子属于樟科木姜子属，为落叶小乔木。每年8月前后，木姜子即可成熟。折下来后，将木姜子洗净，可以将其装入塑料袋内密封，放入冰箱储存；也可以将洗净的木姜子装入玻璃瓶里，然后盛上适量的清水，再加入适量的食盐，把盖子密封保存。此外，还可以将其压榨成木姜子油作调味之用。木姜子性温、味辛，具有健脾、燥湿、调气、消食作用，对胃寒、腹痛、泻泄等方面有疗效。在雷公山

区，苗族群众上山劳作时，口渴了要喝山泉水，必须先摘几颗木姜子吃后，再喝山泉水；在山上吃生冷食品，也是先吃几颗木姜子；如果腹部有所不适，吃上几颗木姜子，身体不适就会立马消散。总之，木姜子在防腹泻、防食滞、防饱胀有很好的效果。木姜子不仅可以作为腹痛等应急之用，更常用作佐料，如在吃酸汤牛肉时，要将木姜子、大蒜、辣椒一起在镭钵上捣烂，此蘸水才能辛香有味；又如在煮酸汤时，要放入适量的木姜子一起煮，酸汤也才有"灵魂"；用盐水浸泡过的木姜子，可作为一道美食来用。当然，木姜花也是苗族群众用来作为蘸水的一种佐料。

大叶臭花椒。大叶臭花椒本地俗称"鱼花椒"，为芸香科花椒属落叶乔木。株高达15米，胸径约25厘米；茎干有鼓钉状锐刺，花序轴及小枝顶部有较多劲直锐刺，嫩枝的髓部大而中空，叶轴及小叶无刺。分果瓣红褐色，径约4.5毫米，顶端无芒尖，油点多；种子径约4毫米。花期6～8月，果期9～11月。一般生于雷公山保护区海拔200～1500米坡地疏林或密林中。枝、叶、果均有浓烈的花椒香气或特殊气味。树皮的内皮富有硫黄色淀粉柱状体。根皮、树皮以及嫩叶均用作草药，味辛、苦，有祛风除湿、活血散瘀、消肿止痛功效，可治多类痛症。果皮含精油0.3%，可作食品和化妆品香精，特别是在雷公山区，苗族群众喜欢用其果做苗王鱼的佐料。

04

苗族民俗文化

　　雷公山区苗族群众居住于深山峡谷之中，以农耕稻作为主业已有两千多年的历史。在苗族社会发展中，苗族巫词、禁忌、祭祀等方面组成的民俗文化，在倡导公序良俗、维系社会和谐稳定中起到了积极作用。通过民俗文化，用巫词安慰心灵，用禁忌规范人们行为，用祭祀民俗统一思想，让人去恶从善、去丑从美、去假从真，达到自我教育、自我约束、自我净化的目的。在这里，重点介绍苗族议榔、扫寨、祭树、禁忌。

议　榔

　　议榔是雷公山区苗族村寨不同宗族组织成的地域性村寨自治组织，通过举行带有宗教色彩的仪式，制定人们共同遵守的行为规则的议事活动。

　　历史上，雷公山地区的苗族群众没有专门设立社会管理机构，而世代传承至今的议榔则是一种非常设的村民自治社会组织。这种组织不定期举行活动，一般有事时由寨老牵头

苗族议榔

临时召集组织进行议事。

　　议榔的职能主要有四方面。一是制定本寨的行为规范，俗称榔规。二是组织血族复仇。由于过去没有一个权威机构主持公道，血族复仇在国家权力不介入或无力控制的情况下，是一种习惯法制度。如一个人受到侵害时，采用议榔的形式，集合本家族的力量进行复仇。新中国成立后，我国的法律法规不断完善，群众运用法律武器维护自身权利意识不断增强，复仇、武装斗争等功能已不复存在。三是利用议榔抵抗封建王朝的征服或组织发动反抗封建王朝统治的武装斗争。如今，这一功能已经丧失。四是对自然生态的保护，如对村寨风景树木保护等。随着社会的发展，雷公山区的苗族议榔与时俱进，已赋予新的内容，如很多村寨将乱砍滥伐、违规野外用火、环境卫生等方面内容融入其中。一旦有人违反，则按照"4个120"进行处罚，即处罚违反榔规的人员或家庭需用120斤[1]大米、120斤肉、120斤酒、120斤菜来请整个村寨吃饭，起到"处罚一人、教育全村"的警示作用。通过这种形式，更好地维护了苗族村寨的公序良俗。

扫　寨

雷公山区的苗族扫寨又叫"扫火星"，主要有两方面含义：一是灭旧火换新火，传说旧火久了易误事，换上新火就安全；二是驱逐"火灾鬼"远离寨子，避免发生火灾。因此，扫寨可谓雷公山区苗族村寨一年一度的"防火节"。

扫寨一般在过完苗年后进行，即每年的11月至次年2月间，具体时间由寨老确定。扫寨当天吃午饭后，寨老选定责任心强的村民，有的到邻寨"买新火"，有的到村寨主要路口用线把守，不准外地人进寨，有的陪同巫师边念巫词边挥动茅草，挨家挨户驱逐鬼怪、检查农户家中有无燃火……仪式结束后，巫师还要到寨边的祭场口念巫词，边念巫词边拿着茅草驱鬼逐邪，祈祝全寨平安如意。之后，便开始宰杀黄牛，然后按全寨户数每户一份牛肉，各家拿到寨外煮吃（严禁拿回家煮吃）。吃好后，参与吃饭的人员必须把餐具清洗干净，并用水洗手、抹嘴后方可回家。如果分到的牛肉一餐吃不完，也只能在寨外存放，次日再去煮吃，不得带回家。

---

[1] 1斤=500克，后同。

苗族扫寨

如今，扫寨这一习俗仍在雷公山区的苗族村寨传承着。通过活动，全寨老少接受了一次防火安全宣传教育，对农村消防及森林防火发挥了积极作用。

祭　树

雷公山区苗族的宗教崇拜是由"万物有灵"观念产生的自然崇拜。在苗族所祭祀的神鬼中，有许多自然界的现象和物体，如"雷神""泉鬼""风鬼""古树鬼""神山""神石"等。

苗族历史上的图腾崇拜主要有枫木、蝴蝶崇拜。特别是苗族的枫木崇拜，在雷公山区苗族群众中尤为突出。

当地苗族群众认为，"人大有鬼，树大有神"。凡生长在寨子周围的大树、巨石等都不能乱动。所以，大部分苗族寨子附近都有一片山林作为风水林。节日期间，苗族群众在祭祀山神时一起祭祀树神。村寨附近大树上缠绕木藤是本寨经脉之所在，忌砍伐，谁破坏或惊动了经脉，他家必将招至不虞之灾，轻则被蛇咬、斧砍、雷劈、火烧等，重则要得大病，甚至死亡。请先生推算其生辰八字，根据所缺木、水、土拜祭相应对象，缺木者拜古树或木桥，缺水者拜水井，缺土者拜土神。只要拜祭的大树生长好了、木桥修建好了、水井泉水不断，孩子就会健康平安。这样的信仰在苗族民间非常普遍。

传说枫木是苗族祖先的化身，也因此成为许多苗寨的护

祭树

寨树。每到秋冬季节，苗寨旁边枫叶似火，好像是苗寨的一面旗帜，神圣而不可侵犯。若有人砍伐或伤害古枫，苗族群众认为会受到树神的严厉惩罚。从生态意义上说，这些朴素的理念形成了一种保护力，使每个苗寨周围都保存有一片翠绿的树林。

雷公山区苗族将生态智慧、生态伦理、生态维护、宗教信仰融为一体。不管是在传统社会中，还是在现代社会生活中，这样的信仰都能被大家所接受，从而形成一种潜在的集体意识，维护着生态环境。

禁 忌

在雷公山区的苗族村寨中，现在仍保留着很多的生产生活、待人接物、婚丧嫁娶等方面的禁忌。

生产禁忌。忌撒种插秧后至打谷子前吹芦笙，认为禾苗听到笙歌后，担心禾苗心随歌走，不再结果，实际上他们是怕人们因吹芦笙耽误农时，不安心生产；忌锄地挖土休息时或收工后把锄头、钉耙等工具扔、插土里，因为这样会造成拖拉、懒惰习惯。

生活禁忌。忌用脚踩掉落在地下的饭粒和把饭粒掉在厕所或粪便中，如果犯忌就会遭"雷劈"，实际上苗族群众的这种理念，是教育人们珍惜粮食；忌在主人家里随意大小便，这样会给主人家带来晦气，因为这会对主人家的神不尊重；忌吃燕子肉和猫肉，因为燕子和猫都是人类的朋友；忌把蛇肉拿到家里煮吃，蛇肉的味道会引诱另外一条蛇进家；忌蛇进家后把它打死，而是点上香纸，倒下米酒，让蛇自行离开，这说明苗族一直有保护动物的良好习惯。

礼节禁忌。在家里，忌在别人面前过来过去，应当从后面过，如需从人面前过要道歉一声，特别是姑娘和媳妇；忌接送东西时用单手，特别是给人舀饭递酒碗，必须双手递上，以示尊敬；忌与老人同桌吃饭时先夹鸡心、鸡肝以及猪肝，以示对老人的尊重；忌敬酒时先敬青年人或先敬晚辈，表示要尊老爱老。

语言禁忌。忌说脏话；忌直呼有孕妇女"怀崽了"；忌把生小孩子说是"生崽了"；老人去世，忌直接说是"死了"。

婚丧嫁要迁居禁忌。嫁女、娶媳、过节忌月黑日子（农历下旬）；出嫁忌遇出丧、蛇拦路；婚丧嫁娶迁居忌寅日、未日、卯日、酉日；送亲时，忌两队送亲人相遇；新婚媳妇忌端甑子、揭甑盖；婚丧嫁娶迁居时，忌吃饭打破碗碟家什。

其他禁忌。扫寨（扫火星）时，仪式结束前忌外人走进寨中；忌狗、牛爬上屋顶；不准用枪打狗、乌鸦、喜鹊，因为苗族群众认识到乌鸦、喜鹊等鸟类是益鸟，必须加以保护；忌别家猪、牛钻进自家房中，担心猪、牛进家会到处拉屎拉尿，这是对不讲究环境卫生、乱放牲畜等行为的约束；忌在山里喝泉水不折草祭祀泉神，因为喝水前先折一根芭茅草放进山泉再喝水，除了对自然的敬畏，更使人们认识到芭茅草有利水通淋、祛风除湿的功效，让之泡在山泉，是对别人的一种关心与关怀，体现了苗族群众的善良与胸襟。

在今天看来，苗族这些禁忌似乎荒唐或不可思议，但就是因为这些朴素的自然理念，却在维系着人与自然的和谐共生。

知识问答

Q 001 雷公山区苗族"三大节"是指哪些节?

Q 002 鼓藏节又叫什么节?
多少年过一次?

Q 003 雷公山区苗族"三大舞"是指哪几种?

Q 004 苗族吊脚木楼有哪些特点?

Q 005 苗族刺绣有哪几种?

Q 006 芦笙由哪些部分组成?

自然观察笔记

第一篇　神奇的雷公山

001　1982年6月，贵州黔东南州人民政府经贵州省人民政府批准建立了雷公山自然保护区；2001年6月，雷公山保护区晋升为国家级自然保护区。

002　雷公山最高海拔2178.8米，最低海拔为小丹江茅人河650米，相对高差1500米以上。

003　雷公山史称"牛皮大箐"，苗语谐音为"报别勒"，意思是天宽地阔、森林茂盛的山坡。

004　地跨雷山、榕江、剑河、台江四县，总面积4.73万公顷，其主峰雷公山海拔2178.8米。

005　年降雨量在1300～1600毫米。

006　雷公山保护区水资源总量（地下水和地表水）为183731万立方米/年。

第二篇　富饶的雷公山

001　雷公山保护区内现有生物种类5185种，其中，动物2327种，高等植物2595种，大型真菌263种。

002　海拔1350米以下的是地带性常绿阔叶林；海拔在1350～1850米的是以多脉水青冈、水青冈、亮叶水青冈为主的常绿落叶阔叶混交林；海拔1850～2100米的为山顶苔藓矮林；海拔2100米以上的是杜鹃、箭竹灌丛。

003　国家一级保护野生植物有红豆杉、南方红豆杉、小叶红豆、峨眉拟单性木兰4种；国家二级保护野生植物有钟萼木、秃杉、水青树、鹅掌楸、福建柏、香果树、柔毛油杉、翠柏、春兰等80种。

004　雷公山保护区还有金叶秃杉、苍背木莲、凯里石栎、雷山瑞香、雷山瓜蒌、长柱红山茶、凯里杜鹃、雷山杜鹃、雷公山械、凸果阔叶械等10种特有珍稀植物。

005　雷公山保护区有625种药用植物。

006　雷公山保护区是秃杉分布面积最大、数量最多、原生性最强的分布区。

007　在海拔1800～2100米，雷公山苔藓植物厚厚地覆盖在低矮的树木上，宛若给高山矮林披上深绿色的棉袄，构成了高山苔藓矮林植被景观，当地人美其名曰"穿衣树"。

008 狭叶方竹，俗称"八月笋"，是禾本科寒竹属的灌丛型竹种。狭叶方竹出笋规律有别于其他竹种，其对海拔高度、温度、湿度极为敏感，最先从高海拔开始出笋然后逐渐向低海拔出笋。

009 雷山方竹，地方俗称为"甜笋"。目前，仅在雷公山保护区内发现有分布，为雷公山特有竹种。

010 海南虎斑鳽为国家一级保护野生动物，被称为"世界上最神秘的鸟"。

011 雷公山保护区毒蛇有10余种，如尖吻蝮（五步蛇）、眼镜王蛇、竹叶青、银环蛇等。

007 雷公山的黑熊是亚洲黑熊的一个亚种，为国家二级保护野生动物。黑熊体毛黑亮，胸部有一块"V"字形白斑，头圆、耳大、眼小、嘴短而尖，鼻端裸露，足垫厚实，身体粗壮。

013 雷山髭蟾又名角怪，属无尾目角蟾科拟髭蟾属，是我国特有的珍稀无尾两栖动物。1973年，我国动物学家胡淑琴等专家在雷公山下格头村采集到的标本鉴定，髭蟾为我国特有珍稀无尾两栖动物，后定名为"雷山髭蟾"。2021年，雷山髭蟾被列为国家二级重点保护野生动物。

014 在雷公山保护区内桃江、排里、岩寨一带村寨的苗族妇女，模仿红腹锦鸡的动作翩翩起舞，人们把这种舞蹈称为"苗族锦鸡舞"。

015
一是不要采食不熟悉的菌类，尤其是颜色鲜艳的菌，也不要吃生长过熟或者幼小的野生菌。二是购买菌类时，最好买曾吃过的菌类。买来后，必须炒熟、炒透后再吃。三是采来的野生菌不要全部放在一起炒或煮，最好每次只食用一种野生菌，而且食用量要有所控制，不要一次食用过多。四是加工烹调方法得当。不论是哪种菌类，都不要凉拌生吃；不论是炒，还是炖汤，都要炒熟煮透，不要用急火快炒。五是吃菌时切记不要喝酒。有的野生菌虽然无毒，但含有的某些成分会与酒中所含的乙醇发生化学反应，生成毒素，引起中毒。

016
一是及时大量喝温开水或稀释盐水，刺激舌根部，诱发呕吐，直到胃内物呕吐干净为止；二是呕吐干净后，喝活性炭、硫酸钠或硫酸镁进行导泻；三是喝少量糖盐水以补充液体，防止脱水的发生；四是如有意识不清的情况，不能自行催吐，应及时送医院治疗；五是保留食用过的野生菌，供专业人员救治时参考。

第三篇　美丽的雷公山

001
雷公坪内常年生长有泥炭藓，泥炭藓是苔藓植物中比较特别的一种，在自然界中具有不可替代的生态功能。其生长环境多为沼泽地，它的神奇之处在于它可以吸收比自身重量多15~25倍的水，是植物中的"水库"。

002
在雷公山自然保护区的雷山县方祥乡格头村，有棵秃杉高45米，胸径达218厘米，胸径足够8个成年人合抱。因这棵秃杉是雷公山保护区胸径最大的秃杉，被人们誉为"千年秃杉""秃杉王"。

003
据专家考证，这棵巴东栎是地球同纬度树龄最长、胸径最大、冠幅最广的一株巴东栎，被誉为"千年古树"。

004

第三级瀑布最为壮观，高50米，宽15米。

005

1232户、6520人，苗族人口占99.2%。

006

苗族古歌、苗族情歌、苗族飞歌。

007

天泉、佛光、天书。

008

原因是雷公山茂密的植被、年降雨量高、大气降水、常年云雾多、空气湿度大、大地本身具有的"毛细血管"作用等综合作用。

009

佛光是光的自然现象，是阳光照在云雾表面所起的衍射和漫反射作用形成的。夏季和初冬的午后，摄身岩下云层中突然幻化出一个红、橙、黄、绿、青、蓝、紫的七色光环，中央虚明如镜。观者背向偏西的阳光，有时会发现光环中显现出自己的身影，举手投足，影皆随形，奇者，即便是成千上万人同时同址观看，观者也只能看到自己的影子，不见旁人。

010

雷公山保护区内的乌东河、响水岩河、高岩河、三湾河、开屯河、桥歪河、毛坪河、交包河、格头河、巫密河、白水河、乌尧河等河流长度大于8千米。

011

巴拉河的苗语谐音为"欧别勒"，是雷公山河之意。

第四篇　多彩的雷公山

001　鼓藏节、苗年、吃新节。

002　鼓藏节又叫祭鼓节，俗称吃鼓藏，一般间隔13年才过一次。

003　芦笙舞、铜鼓舞、木鼓舞。

004　一是有效利用土地。二是符合气候特点。三是充分利用资源。

005　苗族刺绣有绉绣、辫绣、锁绣、马尾绣、绞绣、破丝绣、缩宝绣、平绣、贴绣、数纱绣、补绣、叠绣等。

006　芦笙由簧片、竹管、气斗、共鸣筒4个部分组成。

007　煮米饭时多放些水，将刚烧开的米汤倒入预先准备且用清水洗净的瓷缸或坛子里，有时可放几粒嫩苞谷，也可放入适量木姜子以提味增鲜，加盖密封。经两三天发酵而成鲜美、酸甜、纯正的酸汤。取用后，又可随时掺入米汤或淘米水，周而复始循环使用。

008 闻起来臭，吃起来香。

009 一是凉拌生吃；二是与肉同炒；三是用作佐料。

010 木姜子性温、味辛，具有健脾、燥湿、调气、消食作用，对胃寒、腹痛、泻泄等方面有疗效。

011 一是灭旧火换新火。传说旧火久了易误事，换上新火就安全。二是驱逐"火灾鬼"远离寨子，避免发生火灾。因此，扫寨可谓雷公山区苗族村寨一年一度的"防火节"。